O GRANDE JOGO

Catalogação na Fonte
Elaborado por: Josefina A. S. Guedes
Bibliotecária CRB 9/870

Dômarádzki, Luíza
D627g O grande jogo / Luíza Dômarádzki. - 1. ed. - Curitiba: Appris, 2023.
2023 106 p. ; 21 cm.

ISBN 978-65-250-3760-8

1. Autorrealização. 2. Jogos. 3. Evolução do potencial humano.
I. Título. II. Série.

CDD – 158.1

Appris editora

Editora e Livraria Appris Ltda.
Av. Manoel Ribas, 2265 – Mercês
Curitiba/PR – CEP: 80810-002
Tel. (41) 3156 - 4731
www.editoraappris.com.br

Printed in Brazil
Impresso no Brasil

Luíza Dômarádzki

O GRANDE JOGO

FICHA TÉCNICA

AGRADECIMENTOS

Aos meus filhos, Lucas Fernando, Domaris Caroline e Leonardo Rafael, por serem meus incentivadores diretos, com quem aprendi e aprendo muito, sou o que sou porque somos nós.

Em memória de Deodato da Costa Campos, pai dos meus filhos e companheiro de tantos anos de vida, que essa singela homenagem reflita um pouco da minha gratidão.

"Você não pode criar uma nova realidade com a mesma personalidade".
(Amit Goswami)

MEU PROPÓSITO É TRANSFORMAR O MUNDO
POR MEIO DO DESPERTAR DE ALMAS.

Não espere que Deus fale com você por intermédio da sarça ardente, ou de letras que aparecem de forma mágica gravadas pelas paredes. Faça essa conexão de forma muito mais elegante, faça a partir da abertura das portas do seu coração. Tente usar a intenção pura, entre em meditação e diga: Deus, o que eu preciso saber que ainda não sei?

Luíza Dômarádzki

PREFÁCIO

Aos buscadores de autoconhecimento e de respostas às perguntas mais íntimas do ser, não poderiam ter chegado em momento mais certo. Impulsionada pela energia cósmica, que é mais sábia e perfeita em seus desígnios do que nossa presunçosa atitude, trouxe você a uma ferramenta que pode lhe indicar os caminhos nos momentos em que você precisa, se você tiver a coragem de fazer as perguntas certas e ainda mais para ouvir as respostas.

O Grande Jogo não é um livro comum, não o tire da prateleira achando que será apenas mais um romance, drama ou aventura para ser digerido como qualquer outra estória. *O Grande Jogo* tem uma premissa mais séria e sagrada para quem o detém. Usado de forma pura e com o coração conectado ao que tudo é, você será capaz de compreender suas dúvidas, medos, inseguranças, anseios em um link direto com o Criador do Jogo, o Criador da Vida.

Não importando a religião ou crença de quem o joga, se permanecer com o coração sereno, silencioso e aberto, obterá grandes insights para aquilo que se pede em cada jogada. *O Grande Jogo* representa o caminho da vida, os passos, as jogadas que tomamos para seguir adiante em nossa caminhada nesse planeta-mãe, o que fazemos ora com muita serenidade e segurança, ora inseguros e nos sentindo desamparados.

Não se engane, pela simplicidade e pureza das mensagens; este livro-jogo, *O Grande Jogo*, é milenar e é um grande tesouro.

E as palavras de Luíza Dômarádzki, aliando esse tesouro legado dos grandes Rishis de eras milenares com os seus conhecimentos de mecânica quântica, esoterismo, Alquimia Evolucional®, e toda a sua bagagem intelecto-emocional, mais sua destreza espiritual e apoio dos guias, trazem uma nova leitura para um conhecimento, uma lição, uma mensagem milenar.

Para aqueles que sabem reconhecer o valor deste grande tesouro que têm nas mãos, dentro de si, e que sabem que lapidá-lo é nossa sublime tarefa, eu vos convido e dou graças a se conectar e se reconhecer como grandes pontos de Luz que somos.

Florianópolis, junho de 2017.

Lucas Fernando Domaradzkí Campos
Engenheiro de Software / PUC Minas

APRESENTAÇÃO

Não há tempo, não há limite para aquilo que transcende os anseios da alma, e assim é. A partir de agora, você imergirá no universo interior que o constitui, assim como transporá as barreiras do tempo e do espaço, o que o levará ao encontro com o Criador do Jogo, que o fez chegar até aqui. Este é o seu momento sagrado; é a junção que sua alma esperava: é a união com a sua centelha divina. Abra-se para o novo, pois aqui o criador do jogo da vida falará à sua alma, impulsionando-o para aquilo que veio buscar neste momento. É chegada a hora para encontrar com o Divino que habita em você. No livro *O Grande Jogo*, você receberá um direcionamento para aquilo que procura em seus anseios mais íntimos.

Contudo, é preciso que o jogador esteja aberto para a mensagem que está contida em cada jogada. É preciso imergir no mais profundo do seu ser, para assim "ouvir" a voz daquele que deseja que você encontre o seu lugar no universo.

As respostas estão à sua disposição, basta que para isso esteja decidido a beber da fonte do sagrado, que se apresenta neste livro.

E é por meio de Luíza Dômarádzki que este instrumento valioso chega até você. Impulsionada a ouvir a própria voz da alma, bem como conhecedora do Poder Divino, que pode ser despertado em cada ser, ela se coloca como facilitadora neste livro, que acredita ser "um caminho" para aqueles que buscam, no autoconhecimento, ouvir a voz da própria alma, que muitas vezes está, ou esteve adormecida por longos períodos de incompreensão de si mesma.

Que você possa transpor, por meio desta ferramenta inspirada, todos os seus medos, anseios e dúvidas, e assim transmutar aquilo que causa intranquilidade e sofrimento, em oportunidade, para criar o novo em sua vida!

Curitiba, agosto de 2018.

Sandra Martins Medeiros
Graduada em Letras Português pela PUC do Paraná
Pós-graduada em Língua Portuguesa e
Literatura Brasileira pela UTFPR
Pós-graduada em Psicologia Transpessoal
pelo Instituto Atitude Ahimsa – Florianópolis/SC
Capacitação em Psicomotricidade e Movimento pela Unifaveni-MG
Formação de Educador Brinquedista e Organização de ABBri
Iniciada como Mestre Curadora do Reiki Alquímico
dos Anjos Dourados®, Mestre Cocriadora e Mestre do Raio da
Abundância pela Canalizadora Luíza Dômarádzki

SUMÁRIO

INTRODUÇÃO

Conta-se que o Grande Jogo foi criado pelos sábios da Índia Antiga há mais de quatro mil anos. Houve uma época em que os seres que viviam na terra tinham um contato direto com outras formas de vida, havia um contato mais direto com as divindades e com os espíritos que não habitavam a terra.

Homens e deuses conviviam juntos no mesmo plano de existência. Não se necessitava de artifícios para receber mensagens e orientações do "céu". Porém, após chegar a alguns níveis mais avançados de compreensão e ter acesso a certos tipos de "poderes", algumas pessoas, fazendo mau uso desses conhecimentos, aliadas a interesses políticos que levaram os governantes a certas atitudes, foram fazendo com que o povo daquele período perdesse essa conexão.

Preocupado com o futuro da humanidade, Krishna instruiu os Rishis a formular um jogo.

Os sábios Rishis criaram então um jogo de tabuleiro, para por meio dele transmitir a Sabedoria Divina de uma forma lúdica. Teria que ser algo especial que refletisse a vida diária das pessoas, dessa forma ajudá-las-ia a superar os obstáculos e desafios da vida. Assim os sábios não chamariam atenção sobre as mensagens que estavam transmitindo.

O que é um Rishi? Um Rishi é aquele que conhece ou vê, portanto, um Rishi é um vidente, ele vê as coisas que outros não veem.

Com o passar do tempo e toda a evolução por que a humanidade já passou, notamos que os conflitos do ser humano ainda continuam os mesmos que naquela época remota, fazendo assim do Grande Jogo um jogo atemporal e totalmente sintonizado com nossos dias.

Foi desse jogo que veio a inspiração para escrever este livro que você tem nas mãos, mantendo a base dos conhecimentos, dos planos da existência, dentro das imutáveis Leis Universais da Evolução do ser humano e da Lei da Ação e Reação. Articulei nas páginas a seguir todos os conhecimentos adquiridos em 13 anos de estudos de mecânica quântica, esoterismo, em escola iniciática, PNL, coaching, entre muitas leituras de autores famosos transformadores da realidade atual.

Como buscadora insaciável, ávida por saber como funciona a mecânica das coisas, em parte explicado pelo sangue de Professor Pardal que corre nas veias dos Domaradzki (digo isso com muita honra e orgulho das minhas raízes).

Neste livro em forma de jogo terapêutico, o jogador, aquele que busca respostas para as dúvidas e dramas diários, poderá encontrar por meio da Lei da Ação e Reação as orientações porque tanto anseia, para a evolução da sua alma.

OBJETIVO

O jogo é um instrumento terapêutico de autoconhecimento, pode ser usado por qualquer pessoa, e traz mais clareza a uma situação ou conflito vivido pelo participante, auxiliando-o a tomar decisões importantes na sua vida; o livro-jogo torna o participante mais consciente de seus recursos internos, de suas qualidades e de seus desafios; ainda revela padrões de crenças negativas e mostra novas possibilidades; possibilita harmonização de conflitos interpessoais; integra relaxamento e paz mental à vida diária; trabalha bloqueios que impedem a espontaneidade, o sucesso e a felicidade do jogador. O objetivo do jogo é fazer você compreender o seu caminho pessoal, a sua vida real. Por isso, muitas vezes durante o jogo, aparecem situações da nossa vida material. O jogo nesse caso torna-se o nosso caminho da Vida.

Eu tenho um grande desejo, esse desejo que tenho é apenas o privilégio de ser feliz e de fazer outras pessoas felizes, livres e completas.

Somos SERES humanos, e não "TERES" humanos, como tal dotados com essa liberdade de escolha, ao contrário de um animal, temos esse privilégio de desejar, que é uma das três capacidades dadas a um ser humano; Querer, Poder e Fazer.

Cada um de nós tem as suas necessidades, e essas necessidades são um fenômeno universal, pois estamos mergulhados em um oceano de informações e a pessoa que quer continuar a existir está sempre em busca de algo.

Ao reconhecer isso e querer resolver esse problema de busca, a busca se torna espiritual.

Uma busca é uma busca, se você procura por dinheiro, amor, saúde, aprovação, reconhecimento, crescimento pessoal, aqui estão as respostas do que está obstruindo seu caminho rumo à ascensão da sua alma. Mas cabe a você ir reunindo as informações e ir refletindo sobre sua expressão e ações no Jogo da Vida.

O jogo pode ser feito por uma ou muitas pessoas, não há limite para o número de participantes. Porém, como trata-se da sustentação de uma Egrégora e é preciso que o condutor do jogo veja, com quantas pessoas consegue manter a energia. Sem dispersão da atenção necessária para que o jogo aconteça.

Para mim o número máximo de participantes ideal sempre foi de 15 pessoas, mas já cheguei a realizar o jogo em grupos de WhatsApp onde tivemos 76 pessoas. Essa é uma das possibilidades ofertadas também a você, a realização de jogos on-line; é muito gratificante ver que as mensagens sempre têm algo para tocar o coração de alguém. Nesse caso os comentários do grupo devem ser fechados e todos devem ouvir os áudios até o final.

Para jogar sozinho, é muito simples, basta organizar um ambiente que proporcione introspecção, fazer uma prece para elevar os pensamentos, fazer sua pergunta, lançar o dado e seguir os passos que o jogo indicar. Um detalhe muito importante a observar no livro é que **as páginas do jogo e a numeração de páginas do livro são diferentes**. Ao fazer o jogo, siga o número em negrito, que está ao lado do título da página, e não a numeração no rodapé do livro.

Para o jogo, quando feito em grupo, deve-se ter um representante, a "Alma" do grupo. Faz-se uma introspecção com mantras e exercícios de conexão para que o grupo se torne um só ser, o representante comanda o jogo. TODOS os integrantes ficam em silêncio, o questionamento interno que é trazido para o jogo é apresentado somente ao Criador do jogo da vida, não é compartilhado com o grupo, apenas após o jogo caso o jogador veja que sua experiência vai contribuir para a cura dos outros jogadores.

O representante do grupo não se dirige a ninguém em particular e sempre usa o pronome VOCÊ, pois durante o jogo todas as mentes formarão um só corpo. Quanto mais forte e conectada for a Egrégora, mais emocionante e estimulante será o jogo.

Durante o jogo, usa-se um dado para caminhar pelas páginas do livro. O dado que vai ser usado no jogo torna-se um amuleto pessoal, pois estará impregnado com a sua energia pessoal, assim como o pêndulo que é usado na radiestesia. Trate-o como um objeto sagrado e independentemente de estar jogando ou não ele pode responder para você, sempre que você lhe perguntar sobre algo. Sendo que o 6 é o sim e os demais números são não.

Para entrar verdadeiramente no jogo, é necessário tirar o número 6 no dado.

Enquanto não tira o 6, os outros números de 1 a 5 estão ligados aos elementos da natureza, Terra, Água, Ar, Fogo e

Éter. Esses elementos também exercem influência psíquica sobre nós, então o próprio jogo dirá o que está em sua mente e que não permite que você tenha autorização do Criador para entrar no jogo da vida. Cada elemento tem uma sugestão de como entrar em ressonância com o jogo, basta seguir as recomendações.

Ao ter permissão e entrar no jogo, você tem direito a 8 jogadas, sendo 7 delas a resposta ao que você veio buscar e a oitava será uma mensagem divina para você finalizando as jogadas com um recado especial do próprio Criador.

O Jogo está dividido em planos de existência. Conforme o jogador evolui dentro do jogo, a vida acontece.

É importante entender esses planos para esclarecer o porquê e onde as nossas crenças, programas, contratos, compromissos, iniciações e curas se originam. Nós operamos fisicamente, emocionalmente, mentalmente e espiritualmente como parte desses planos e estamos conectados a todos eles.

O ser humano, os demais seres e tudo quanto existe são constituídos de uma infinidade de combinações de matéria-energia, de todos os graus de densidade e complexidade. Essas combinações ou graus de matéria-energia representam no ser humano uma luta constante para equilibrar e integrar os muitos planos de existência.

O objetivo do ser humano na terra é tornar essa vida-energia em vida-consciência, daí a importância de se entender onde estamos dentro dos planos de existência. Uma vez que utilizamos e trabalhamos com esses Planos quer saibamos disso ou não, quer queiramos ou não, de forma consciente e inconscientemente, é essencial que aprendamos a respeitar a consciência que esses planos trazem à tona.

Cada plano de existência tem 9 páginas e está ligado a um chacra, seus sentimentos e emoções. Observe que é importante, durante o jogo, prestar atenção a cada plano de existência que você supera, pois assim você perceberá sua evolução rumo à realização dos seus sonhos e desejos.

Quando lançar o dado e, ao passar pela página inicial do novo plano, que será colorida de acordo com a cor do chacra correspondente a esse plano, leia sua descrição, para entender quais os desafios e fluências esse plano traz.

Em nosso caminho evolutivo, nós desde o nascimento até a morte passamos por eles, todos sem exceção passam e cada vez que algo desse plano fica pendente o fluxo natural deixa de acontecer, então ficamos presos em ciclos repetitivos até que o elo se desfaça.

No meu livro *Segredos de Sucesso*, que contém muitos segredos iniciáticos ligando os chacras, os setênios, as divindades ocultas, a numerologia, entre muitas outras coisas, é possível entender como tudo está interligado, como uma grande rede cósmica, onde nenhum fio está solto e nada é aleatório. Escrevi esse livro com o objetivo de, a partir desses ensinamentos, mostrar como os utilizei para sair de uma vida de miséria material e espiritual, para me tornar um ser humano realizado e confiante.

Cada um dos meus livros complementa o outro em informação.

Vamos então conhecer os planos de existência:

O PRIMEIRO PLANO É O PLANO BÁSICO, está ligado ao primeiro chacra ou básico, sua cor é vermelha. Está relacionado ao sentimento de segurança, abrigo, abundância, sorte. O elemento que rege o primeiro chacra é o elemento terra. O elemento terra representa os pés no chão, que é a terra. É o nosso planeta, o nosso abrigo, a nossa casa. É a terra que fornece tudo o que temos do mundo material. O nosso corpo, os nossos alimentos, nossas casas. Em equilíbrio, esse chacra nos dá segurança, abrigo, sensação de amparo, boa situação financeira, coragem para agir. Esse chacra quando está bloqueado corresponde ao medo. Normalmente, o medo serve para nos preservar de perigos, sejam reais ou imaginários. Da página 1 à página 9.

O SEGUNDO PLANO É PLANO IMAGINÁRIO, está ligado ao segundo chacra, ou chacra sexual, sua cor é o laranja. Está relacionado às sensações de prazer e dor. É o começo da dualidade, das polaridades, simbolizado no masculino e feminino. Em equilíbrio, o sentimento aqui é de prazer, de amor ao estar com outras pessoas, de afetividade. Aqui vamos transmutar o medo gerado no bloqueio do primeiro chacra, que gerou a separação entre as pessoas. Da página 10 à página 18.

O TERCEIRO PLANO É O PLANO RACIONAL, está ligada ao terceiro chacra ou chacra do plexo, sua cor é o amarelo do sol. Está ligado aos desejos, às mudanças de atitude, às transformações. Esses desejos muitas vezes são ligados a memórias de vidas passadas, por isso é que se diz que esse chacra tem a ver com os carmas das outras vidas. Quando em equilíbrio, os desejos são realizados apesar de todos os obstáculos que aparecem no caminho. A pessoa aceita as mudanças com naturalidade e consegue rapidamente se adaptar a novas atitudes. Da página 19 à página 27.

O QUARTO PLANO É O PLANO DO EQUILÍBRIO, está ligado ao quarto chacra ou chacra cardíaco, sua cor é o verde. Está ligado às emoções de amor e perdão, de compaixão e caridade. Com o coração é que vamos conseguir entrar na Era de Ouro. É apenas com a bondade, com o respeito ao próximo e o amor ao próximo que poderemos avançar no caminho da ascensão. Da página 28 à página 36.

O QUINTO PLANO É O PLANO DE ABERTURA, está ligado ao quinto chacra ou chacra Laríngeo e sua cor é o azul. Está ligado a assumir as verdades de nós mesmos, de sermos nós mesmos perante os outros e nós mesmos, de aceitarmos nossas sombras e qualidades. Nós nos expressamos para os outros principalmente pelo som. Se não nos aceitamos, se não aceitamos o que sentimos, se não colocamos para fora o que pensamos e sentimos, temos a sensação de estarmos com um nó na garganta. Ou temos a sensação de que estamos engolindo sapos, estamos tendo de fingir que nada está acontecendo, mas a situação pela qual estamos passando é abusiva. Da página 37 à página 45.

O SEXTO PLANO É O PLANO DE TRANSFORMAÇÃO, está ligado ao sexto chacra do terceiro olho ou chacra frontal e a sua cor é índigo. Está ligado à compreensão, conhecimento, entendimento, uma consciência mais expandida do processo todo de cura, a partir da intuição. Está ligado à clarividência. O indivíduo consegue enxergar a situação como um todo, consegue ver o seu papel dentro de uma situação como se fosse uma peça de teatro. Nesse chacra, a pessoa tem a noção da conexão entre tudo e todos; enxerga a conexão entre passado, presente e futuro. A pessoa tem a noção de que tudo o que aconteceu, mesmo a doença e a cura pela qual está passando, vem no momento certo, que tudo está onde deveria estar. Da página 46 à página 54.

O SÉTIMO PLANO É O PLANO DA CONEXÃO, está ligado ao sétimo chacra ou chacra coronário e a sua cor é violeta. Está ligado à sensação de desapego do mundo material, de ligação com o Divino. Acima desse chacra, são níveis diferentes de desapego e de ligação com Deus. Quando a pessoa está em equilíbrio, entende que está feliz mesmo sem o que almejava e por isso desapega do seu desejo que gerou todo o desequilíbrio anterior. É o momento que, na cura, a pessoa desapega de todos os valores e crenças negativas que eram inúteis, joga-os no lixo e se desapega. Da página 55 à página 63.

O OITAVO PLANO É O PLANO DIVINO, está ligado ao oitavo chacra ou chacra do trono da Alma e a sua cor é o Turquesa. Entrada na quarta dimensão. Esse chacra é o vazio após a resolução da cura, como se você se liberasse de toda a doença emocional anterior e agora, sem ela, está sem nada. Imagine você fazendo uma limpeza, um bota-fora na sua casa. Ao desapegar das coisas que você não usa mais, sobram espaços vazios onde você poderá preencher ou não com coisas novas. É o vazio das possibilidades, onde tudo é possível. A pessoa sente a totalidade e a integração com o mundo. Nessa fase, há um silêncio na alma, pois, antes do processo total de cura, você estava repleto do barulho dos sentimentos que ainda não tinham sido curados, das memórias anteriores das situações que o prendiam emocionalmente. É a sensação de liberdade, de ter se mudado para um lugar novo em que você não conhece nada. Tudo pode acontecer ali. Você chegou a uma nova terra, a uma nova vida. Da página 64 à página 72.

Abra sua mente para o que o Grande Espírito tem a lhe dizer.

O JOGO

Este jogo pode ser usado como instrumento complementar em terapias, para terapeutas que estão com dificuldade de acessar conteúdo psíquico das pessoas que estão atendendo; jogar com elas abrirá uma nova forma de visualizar aspectos que estejam ocultos, muitos insights poderão surgir.

Aos jogadores: só ao obter a autorização do criador do jogo da vida você poderá entrar no jogo. Isso acontece quando lançar o dado e o número obtido na jogada for 6. Como acontece na vida, o Criador estará sempre presente, e você notará essa presença cada vez mais durante o jogo. Cada número dentro do livro-jogo representa um vício, uma virtude, um aspecto do inconsciente ou um plano da realidade.

Você veio até aqui com um objetivo, você busca por algo, uma resposta que precisa encontrar. Cada jogada mostrará para você a revelação das dinâmicas e padrões, vividos no presente ou no passado, e também os boicotes que insistimos em repetir. Esse pedido deve ser feito em silêncio e concentração. Interiorize-se com respeito e veneração e pense no que busca. O jogo é um espelho de expressão, ele vai mostrar um raio x do seu momento, do AGORA. Para expressar a alma nesse espelho, é necessário conectar o pensar com o sentir no fazer.

O dado que você usará será como um amuleto, um totem sagrado. Como é o pêndulo para o radiestesista. Ao carregar ele sempre com você e usá-lo sempre, ele ficará imantado com a sua energia pessoal. E poderá responder sempre que consultado, mesmo fora do jogo.

Uma vez dentro do jogo, as jogadas são definidas pelo Carma; se for jogo individual, pelo Carma pessoal; se for jogado em grupo, pelo Carma coletivo.

O jogo hoje tem a finalidade de resgatar a autoconsciência nas pessoas. Para que cada um volte a brilhar em Consciência Plena da sua história aqui na terra.

Para começar o jogo, pare agora, faça um breve exercício respiratório, se estiver com seus pensamentos dispersos. Concentre-se em um pedido e lance o dado.

Caso dê o número 6, vá para a página 6.

Caso dê o número 5, vá para a página 5.

Caso dê o número 4, vá para a página 4.

Caso dê o número 3, vá para a página 3.

Caso dê o número 2, vá para a página 2.

Caso dê o número 1, vá para a página 1.

1º PLANO: PLANO BÁSICO

Este é o plano mais denso do jogo. Neste plano de existência, estão contidos todos os aspectos ligados à sobrevivência física. No plano básico do subconsciente, tudo pode ser considerado como uma ameaça à sobrevivência, aqui estarão expostas suas inseguranças, suas lutas e suas preocupações. Nossa ânsia por possuir o mundo material nada mais é que uma forma de garantir a nossa sobrevivência, porém muitos tornam isso em um problema crônico da existência. Esta é a fase infantil da expressão humana.

O NÚMERO UM é Gênesis: é a concepção de um jogo. O elemento inicial atribuído é a ÁGUA. Considerando que a vida física nasceu na água, atribuímos a esse elemento o símbolo da Gênesis. A unidade que gera a diversidade. Nesta casa homenageamos o Criador da Vida, DEUS! Por gostar de brincar, Deus criou a Grande Brincadeira de se viver na Terra. A partir de agora, o UM se transforma em muitos para que o Jogo aconteça. Ao elemento ÁGUA corresponde a função do SENTIMENTO. A água percebe as coisas por via emocional. Não devemos bloquear as águas de um rio, como não devemos bloquear nossas emoções, mas sim fazer com que elas fluam harmoniosamente.

Você tirou o número 1 porque suas emoções estão gerando reações, de baixa frequência. As energias que você está emitindo estão contaminando ou contagiando? Você está com essas frequências entrando na história do outro, precisa neutralizar suas emoções em relação ao comportamento das outras pessoas. Não reaja com raiva, a pessoa que o agride dá o que ela tem e no final isso é só um personagem, somos todos intérpretes de um personagem no jogo da vida. É necessário transformar medo em coragem, rejeição em aceitação para que o jogo possa começar.

Lance o dado novamente.

Caso dê o número 6, vá para a página 6.

Caso dê o número 5, vá para a página 5.

Caso dê o número 4, vá para a página 4.

Caso dê o número 3, vá para a página 3.

Caso dê o número 2, vá para a página 2.

Caso dê o número 1 novamente, faça um exercício de relaxamento antes de tentar outra vez, assim como ouvir uma música calma, um mantra ou uma prática respiratória. Fique silencioso, vazio.

ILUSÃO

O NÚMERO DOIS inicialmente simboliza a criação do intelecto humano, a construção da personalidade que irá atuar no caminho evolutivo, como sendo a forma ilusória que representará a realidade. O elemento AR simboliza o intelecto humano, que armazenará as impressões que o jogo lhe causar. Ao elemento AR corresponde a função do PENSAMENTO.

O ego nasce nesta casa e sempre terá uma visão limitada em relação às coisas. O ego nos fará buscar a sobrevivência e gerará os desejos em "ter" no mundo material. O ego comandará os sentidos físicos do jogador e suas vontades de realizações pelo caminho. É o ego que questiona e duvida das possibilidades.

É preciso aprender técnicas que ajudem a controlar o fluxo ininterrupto dos seus pensamentos. Aprenda a usá-los de forma inteligente. O pensamento tem, em sua base, muitas possibilidades criativas. A criatividade é o resultado de como você pensa. Praticar os hábitos de pensamento criativo permitirá que você quebre a barreira do que você pensa que é possível. Olhe à sua volta, pense no fato de que tudo que você vê agora foi criado por alguém. Será que eles têm algum tipo de superpoder? Não! Eles eram apenas pensadores criativos.

Lance o dado novamente.

Caso dê o número 6, vá para a página 6.

Caso dê o número 5, vá para a página 5.

Caso dê o número 4, vá para a página 4.

Caso dê o número 3, vá para a página 3.

Caso dê o número 2 novamente, faça um exercício de relaxamento antes de tentar outra vez, assim como ouvir uma música calma, um mantra ou uma prática respiratória. Fique silencioso, vazio.

Caso dê o número 1, vá para a página 1.

ANSIEDADE

O NÚMERO TRÊS inicialmente é a criação do caráter humano, como resultado dos desejos da personalidade, aqui nasce o instinto/vontade que impulsiona o jogo. O elemento atribuído a esta casa é o FOGO, como símbolo da energia da vida em ação, da transformação do mundo material. Ao FOGO corresponde a INTUIÇÃO. Conceitos como futuro, possibilidades, dinamismo, energia, ação. O fogo possui um forte referencial interno, dando a impressão de egoísmo, porque o fogo vive de acordo com seus próprios princípios e é fiel às suas próprias ideias, na medida em que essas ideias lhe conferem novas perspectivas e possibilidades. Energia, espontaneidade, entusiasmo, paixão e criatividade.

O Fogo bem canalizado traz o instinto e a vontade, mal canalizado traz a cólera e a raiva. O fogo pode construir ou destruir, dependerá da educação que cada jogador recebe na sua infância.

Você tirou o 3 porque você está muito ansioso, você não acredita, não tem confiança suficiente em você mesmo, na sua capacidade e na realização dos seus projetos. A ansiedade é prenúncio de falta de fé. A ansiedade pode com algum esforço transformar-se em criatividade, não é impossível fazer isso.

Lance o dado novamente.

Caso dê o número 6, vá para a página 6.

Caso dê o número 5, vá para a página 5.

Caso dê o número 4, vá para a página 4.

Caso dê o número 3 novamente, faça um exercício de relaxamento antes de tentar outra vez, assim como ouvir uma música calma, um mantra ou uma prática respiratória. Fique silencioso, vazio.

Caso dê o número 2, vá para a página 2.

Caso dê o número 1, vá para a página 1.

COBIÇA

O NÚMERO QUATRO inicialmente é a criação da estrutura humana, o corpo como realidade temporária para uma alma entrar no grande jogo. Devido a essa limitação estrutural, nos apegamos ao corpo e ao mundo material como se fosse a única forma real. Atribuímos o elemento TERRA a esta casa simbolizando a estrutura física do nosso corpo: "e o verbo se faz carne...". O elemento TERRA corresponde à SENSAÇÃO, ou seja, o que pode ser captado por meio dos sentidos. A ideia central é perceber o que está visível, desfrutar dos prazeres que o mundo físico proporciona. A realidade, o lado concreto e prático do jogo da vida. A busca de estabilidade e segurança, a determinação, a paciência, a produtividade, a eficiência, o senso de forma e proporção são características deste elemento. Em estado negativo, terra sinaliza uma grande preocupação com as coisas materiais e concretas, dificuldade de mudar, inflexibilidade, dificuldade de lidar com pensamentos abstratos, conceitos e teorias, por causa da visão concreta das coisas.

Você tirou o 4 porque está com excesso de rotina, ou de possessividade, ou de teimosia, ou de avareza, ou obsessão pelo trabalho. Está com dificuldade em lidar com o mundo material e concreto. Dessa maneira jamais encontrará paz. É preciso controlar suas vontades, canalizá-las. Para entrar no jogo, precisamos ter vontade de entrar, a mesma vontade que o trouxe aqui é a que faz os astros e as estrelas percorrerem o céu, a vontade é uma energia natural do Universo.

Lance o dado novamente.

Caso dê o número 6, vá para a página 6.

Caso dê o número 5, vá para a página 5.

Caso dê o número 4 novamente, faça um exercício de relaxamento antes de tentar outra vez, assim como ouvir uma música calma, um mantra ou uma prática respiratória. Fique silencioso, vazio.

Caso dê o número 3, vá para a página 3.

Caso dê o número 2, vá para a página 2.

Caso dê o número 1, vá para a página 1.

FÍSICO

O NÚMERO CINCO aqui é a conclusão da formação inicial de um corpo, com seus 5 sentidos de percepção (visão, audição, olfato, paladar e tato) e seus 5 órgãos de ação (mãos, pés, ânus, genitais e garganta). Para compreender o corpo, é preciso antes saber que toda a matéria do Universo, viva ou não, é constituída por 5 elementos: Céu ou Éter, Ar, Fogo, Água e Terra.

O elemento atribuído a esta casa é o Éter, que representa o céu, o espaço vazio, o nada; o Éter é o elemento que é ao mesmo tempo a fonte de todos os outros e o espaço onde eles existem.

Você tirou o número 5 porque ainda está questionando muito, não está silencioso e vazio o suficiente. Este é o momento em que você deve estar mais introspectivo, mais receptivo, para que a mensagem que você busca também possa encontrar você. Silencie, medite, respire lenta e pausadamente.

Lance o dado novamente.

Caso dê o número 6, vá para a página 6.

Caso dê o número 5 novamente, faça um exercício de relaxamento antes de tentar outra vez, assim como ouvir uma música calma, um mantra ou uma prática respiratória. Fique silencioso, vazio.

Caso dê o número 4, vá para a página 4.

Caso dê o número 3, vá para a página 3.

Caso dê o número 2, vá para a página 2.

Caso dê o número 1, vá para a página 1.

EXPECTATIVA

PÁGINA 6

O NÚMERO SEIS. Aqui você tem autorização para entrar no jogo, este é o nascimento de um caminho, uma trilha que você percorrerá até encontrar o que procura. Todo início é confuso, em qualquer coisa que você vá realizar. Todo início gera expectativas, essa expectativa que levará o jogador a buscar esclarecimento para a conclusão das suas realizações. Todo começo gera excitação, e a sensação de não saber o que vai acontecer gera uma confusão inicial que faz parte da brincadeira de se conhecer melhor. O aprendizado já começou; durante o jogo, seus sentimentos testarão você e a esperança é que você consiga transformar a confusão em compreensão. Não esqueça em nenhum momento durante o jogo que você está na presença do Criador do jogo da vida.

(Anote os passos do jogo, para que você possa reestudá-los e compreender melhor o caminho que você trilhou.)

A partir de agora, você tem direito a oito jogadas rumo ao encontro do que você veio aqui buscar. Lembre-se que sempre é possível encontrar o que você procura; mesmo que surjam possíveis bloqueios no caminho, sempre há como contorná-los.

Dirija-se à página 11.

RENASCIMENTO

PÁGINA 7

Segundo ensinamentos budistas, há um ciclo de mortes e renascimentos para os seres vivos chamado Samsara. Algumas fontes, principalmente advindas da Teosofia, atribuem a esses renascimentos características similares às da reencarnação, e a palavra reencarnação é inclusive usada com frequência para se referir aos renascimentos.

Aqui, porém, não falamos de renascimento do corpo físico, compreendemos esse momento como o ciclo de morte e renascimento da consciência de uma mesma pessoa. Momentos de distração, anseios e emoções destrutivas são momentos em que a consciência morre para despertar em seguida em momentos de atenção, compreensão e lucidez, levados adiante para o momento seguinte em que a consciência toma uma nova forma.

Tudo se transforma constante e ininterruptamente e agora você tem a sua consciência desperta para esse fato.

Você está aqui porque está procurando algo e se dispõe a recomeçar o jogo por vontade própria, mas com maior atenção.

Comece um novo jogo dirigindo-se à página 6.

CONFUSÃO

Está claro que você está ansioso, nervoso ou agitado, com isso, sua expressão está deturpada. A confusão aqui é causada pelo apego ou uma ansiedade que destrói a sua espontaneidade deixando-o inquieto, com pressa e desatento consigo mesmo. É preciso dar atenção a você mesmo, não é fora que você vai encontrar o que procura, mas dentro de si. Você é Divina Consciência, o Self em Manifestação.

Nossos dons e talentos são manifestações do nosso propósito na Terra. Eles são expressões do Amor. São nosso tesouro espiritual. Mas é lamentável que alguns tenham esquecido do seu próprio tesouro. O ser humano foi tão severamente reprimido que deixou de expressar seus dons naturais. Ele deixou de ser natural e passou a ser aquilo que agrada à família e à sociedade. E assim ele passa a vida buscando remédios para curar os sintomas causados pelo esquecimento de si mesmo. (Sri Prem Baba)

Se você ainda tem jogadas, lance o dado.

Caso dê o número 6, vá para a página 14.

Caso dê o número 5, vá para a página 13.

Caso dê o número 4, vá para a página 12.

Caso dê o número 3, vá para a página 11.

Caso dê o número 2, vá para a página 10.

Caso dê o número 1, vá para a página 9.

SENSUALIDADE

Sensual Idade: tudo na vida é a forma como você vê, o primeiro pensamento que vem ao pensar em sensualidade é uma necessidade de sentir prazer e dar prazer. Esse é o princípio da necessidade de todo ser humano em expressar amor, tudo é amor. A sensualidade é a primeira manifestação de amor ao próximo. Sentir e gerar tesão em alguém faz com que essa seja uma forma de elevar a própria autoestima. Fazer com que o outro veja em você aquilo que você não consegue ver.

Você deve se lembrar que nós apenas REconhecemos aquilo que já conhecemos, portanto aquilo que você REconhece no outro é porque já existe em você. O outro é importante, mas você também é. Antes de ajudar o outro, você deve ajudar a si mesmo, cada ação tem uma reação, o outro está colhendo aquilo que plantou e você não ajudará impedindo que ele faça sua própria colheita. Ao reconhecer que você é muito importante e que o outro é apenas um espelho de você mesmo, você fecha o plano básico e eleva o seu amor-próprio.

Se você ainda tem jogadas, lance o dado.

Caso dê o número 6, vá para a página 15.

Caso dê o número 5, vá para a página 14.

Caso dê o número 4, vá para a página 13.

Caso dê o número 3, vá para a página 12.

Caso dê o número 2, vá para a página 11.

Caso dê o número 1, vá para a página 10.

Depois de passar pela densidade da base, onde você conheceu as programações relacionadas à sua sobrevivência no planeta, você chega agora ao plano da imaginação. Neste plano o que o domina é a busca pelos prazeres que os sentidos podem oferecer para você. A negatividade deste plano e os pensamentos estéreis podem conduzi-lo de volta ao primeiro plano. Mas não há só aspectos negativos aqui. Você precisa dos desejos para abrir as possibilidades e buscar a realização das ideias. Tudo começa na imaginação e disciplinadamente unindo imaginação e criatividade você terá êxito em sua busca.

10 – IMPERMANÊNCIA: No plano material tudo passa. Nada permanece. E possivelmente falar em desapego lhe cause algo ruim. A palavra desapego, compreendida dentro do contexto do crescimento pessoal, tem um valor interno precioso que todos nós devemos aprender a desenvolver. Praticar o desapego não significa abrir mão de tudo o que é importante para nós, rompendo vínculos com aqueles por quem temos afeto. Ninguém pode viver por você. Ninguém pode respirar por você, se oferecer como voluntário para carregar suas tristezas ou sentir suas dores. Você é o arquiteto da sua própria vida e de cada passo que dá em seu caminhar.

Ao aceitar a impermanência, você prova que está sabendo cuidar de si, está usando o que a vida lhe deu de uma maneira correta, está sendo inteligente, está disponível para viver a sua própria vida. Somente vivendo a sua própria vida é que encontrará o que procura. Viva no presente, aceite e assuma sua responsabilidade.

Por essa aceitação, você ascenderá para a página 23.

PORTA DE ENTRADA

PÁGINA 11

Aqui começa o jogo. Pare agora por alguns instantes e concentre-se no que você veio fazer aqui. O que você está buscando? Mentalize a respeito, fale com o Criador sobre o que você veio aqui buscar.

O número 11 representa a necessidade de leveza em sua vida. Não leve tudo tão a sério, divirta-se com o jogo da vida. Sonhe, brinque, tire uma folga. É como dizem: "Não deixe suas panelas brilharem mais do que você". Pinte um quadro, faça algo manual, escreva uma carta, dê um passeio ou visite um amigo. E quando você partir, como todos nós partiremos um dia, ninguém vai se lembrar de quantas contas você pagou, nem de sua casa tão limpinha, mas vão se lembrar de sua amizade, de sua alegria e daquilo que você ensinou.

A partir de agora, você tem direito a 8 jogadas e caminhará dentro do livro-jogo. Em cada jogada, você compreenderá as suas facilidades e dificuldades para encontrar a realização do seu desejo. Entenderá como a sincronicidade trabalha a seu favor, aqui no jogo e na vida cotidiana.

Lance seu dado e boa sorte!

Caso dê o número 6, vá para a página 17.

Caso dê o número 5, vá para a página 16.

Caso dê o número 4, vá para a página 15.

Caso dê o número 3, vá para a página 14.

Caso dê o número 2, vá para a página 13.

Caso dê o número 1, vá para a página 12.

FRUSTRAÇÃO

PÁGINA 12

Querer ter o que o outro tem, não acreditar no próprio potencial, sempre derruba o jogador. A frustração é companheira de quem não confia no próprio sucesso. A inveja é típica de pessoas inseguras, fracassadas ou revoltadas, que, não conseguindo o sucesso, desejam o sucesso alheio.

O excesso de desejos ou a atenção projetada obsessivamente em algo ou alguém faz você se atrasar no caminho. O outro deve ser apenas um espelho; ao olhar para ele, você deve vê-lo como exemplo a ser seguido. As experiências de sucesso das outras pessoas devem servir para você de incentivo para impulsioná-lo a ir mais longe.

Duvidar da sua capacidade de realização é um grande obstáculo para sua evolução; por esse deslize de consciência, retorne para a página 8.

LAMENTAÇÃO

Pare de reclamar dos outros, reclamação é um hábito muito destrutivo, a insatisfação o desestabiliza, deixa-o inquieto e inconstante, acaba em poucos instantes com a possibilidade de fazer coisas criativas e com entusiasmo, os reclamões são pessoas inseguras e que têm medo de serem julgadas, inclusive por si mesmas. Se você é tão superior, o que você está fazendo aqui neste planeta? Por que você não usa seu potencial energético nas próprias realizações? Tantos bilhões de possibilidades a serem realizadas, tantos planos e sonhos onde concentrar suas energias.

As coisas são como são. As verdadeiras mudanças começam dentro de você e, se você mudar, o mundo à sua volta muda automaticamente. Não serão as coisas, pessoas ou fatos que mudarão, mas a sua maneira de olhar para eles que mudará. Com mais benevolência e paciência.

De repente você abre os olhos e vê um novo mundo, você percebe melhor as coisas, vê com mais clareza que você é um ser admirável e capaz de grandes realizações.

Desfoque as falhas alheias e foque as suas próprias qualidades.

Se você ainda tem jogadas, lance o dado.

Caso dê o número 6, vá para a página 19.

Caso dê o número 5, vá para a página 18.

Caso dê o número 4, vá para a página 17.

Caso dê o número 3, vá para a página 16.

Caso dê o número 2, vá para a página 15.

Caso dê o número 1, vá para a página 14.

FÉ

PÁGINA 14

Poder da Mente, a energia mais sutil que existe neste plano dimensional. Seja inteligente, não desperdice suas energias mentais à toa. Comece a desenvolver seu poder mental organizando seus pensamentos e parando de culpar os outros. Assuma a sua responsabilidade pela sua própria criação mental. Seja positivo e acredite em algo para positivar suas emoções e pensamentos, comece a orar, por exemplo, tirando o foco da vida dos outros e focando os seus próprios planos e projetos.

Tenha fé no seu projeto, saiba esperar o tempo certo do nascimento da semente que você plantou. A dúvida é um veneno que retarda a realização dos seus sonhos.

E a busca permanente da Integração na harmonia cósmica poderá ser feita por meio da prece científica: "Espírito Divino do poder infinito, abri o caminho da maior abundância, da saúde perfeita, do amor total, da felicidade completa para mim e os meus. Nós somos, agora, por vossa graça, um ímã irresistível a tudo o que nos pertence por direito divino e para nossa realização maior". (PEDRO A. GRISA, Liberte seu Poder Extra, 2009, p. 80).

Se você ainda tem jogadas, lance o dado.

Caso dê o número 6, vá para a página 20.

Caso dê o número 5, vá para a página 19.

Caso dê o número 4, vá para a página 18.

Caso dê o número 3, vá para a página 17.

Caso dê o número 2, vá para a página 16.

Caso dê o número 1, vá para a página 15.

CRIATIVIDADE

Criar é inerente à própria condição humana, qualquer um pode usar a criatividade para materializar os desejos e modificar a realidade e o mundo que nos cerca. Assim, toda vez que mentalizamos algo e firmemente, nosso sistema de crenças é alterado e estimulado para que acreditemos naquilo que estamos pensando. Quando existe uma crença forte e acreditamos sem duvidar, nossa mente realmente se esforça para fazer tudo acontecer.

Porém ficar fantasiando gera um desgaste de energia mental, desperdiçar energia assim provoca quedas ao jogador.

Você precisa aliar vontade e ação, para gerar mais criatividade, somente a vontade e a ação tornam seus desejos em realidade. Ficar parado cogitando possibilidades não levará o seu projeto em frente. O criador que permitiu que você sonhasse também traz a você as possibilidades desses sonhos tornarem-se realidade. Não fique muito ansioso pela conclusão do projeto. A ansiedade atrasa os resultados.

Se você ainda tem jogadas, lance o dado.

Caso dê o número 6, vá para a página 21.

Caso dê o número 5, vá para a página 20.

Caso dê o número 4, vá para a página 19.

Caso dê o número 3, vá para a página 18.

Caso dê o número 2, vá para a página 17.

Caso dê o número 1, vá para a página 16.

ACEITAÇÃO

PÁGINA 16

Aceitar o que não podemos mudar é de vital importância para que possamos seguir adiante e assim transformar nossas vidas. Quem jamais desejou alguma vez que a realidade fosse outra da que está vivendo? Quem jamais errou? Quem nunca se incomodou com o modo de ser de pessoas com quem convive?

Diante de situações que geram mal-estar, reflita se é possível fazer alguma coisa para solucioná-la. Se for possível, crie um plano de ação para melhorar sua vida. Mas se você perceber que não há nada que possa ser feito, se você deseja seguir adiante, tem que aceitar a realidade, ou irá sofrer mais do que necessário.

Lutar contra uma realidade que você não pode mudar será um desgaste de energia inútil e prejudicial. Apenas partindo da aceitação será possível seguir em frente sem permanecer estagnado com seus projetos.

Por este atalho de sua Consciência, dirija-se à página 20.

PRAZER

Não leve a vida tão a sério, você pode parar para se divertir de vez em quando. Existem outras pessoas que podem fazer o que você faz. Coloque um pouco mais de leveza nas suas ações, pois no final tudo sempre dá certo. Preste atenção nas sincronicidades, abra os seus sentidos aos sinais que acontecem à sua volta indicando o caminho a seguir.

Não leve as experiências da vida tão a sério. Não deixe principalmente que elas o magoem, pois na realidade, nada mais são do que experiências de sonho... Se as circunstâncias forem ruins e você precisar suportá-las, não faça delas uma parte de você mesmo. Desempenhe o seu papel no palco da vida, mas nunca esqueça de que se trata apenas de um papel. O que você perder no mundo não será uma perda para sua alma. Confie em Deus e destrua o medo, que paralisa todos os esforços para ser bem sucedido e atrai exatamente aquilo que você receia. (Paramahansa Yogananda)

Levamos as coisas tão a sério que deixamos de ver que a seriedade está em sorrir e brincar. Acorde para o dia e para a vida sentindo o cheiro que sempre lhe foi peculiar, olhando para imagens que sempre lhe fizeram bem, lembrando-se das pessoas que se uniram a você para contribuir e somar. Traga para sua vida um novo dia e uma nova esperança de viver.

Se você ainda tem jogadas, lance o dado.

Caso dê o número 6, vá para a página 23.

Caso dê o número 5, vá para a página 22.

Caso dê o número 4, vá para a página 21.

Caso dê o número 3, vá para a página 20.

Caso dê o número 2, vá para a página 19.

Caso dê o número 1, vá para a página 18.

A VIDA DOS OUTROS

PÁGINA 18

Muitas vezes ocupamos valiosa parte de nosso tempo avaliando a vida dos outros, sendo que precisamos todos os dias rever e aperfeiçoar nossa própria existência. Quanto mais você pensa, mais se afasta de tudo. E quanto mais você faz críticas, mais se esconde dos seus próprios erros. E quando você não admite que erra, mais se perde nas decisões.

Você sabe tudo que hoje você tem e tudo que já conquistou. Mas deve saber que ainda tem muito a buscar.

Você está sonhando demais e fica inseguro nas suas emoções, gerando com isso medo de rivalidade, mágoas, ressentimentos que levam o jogador de volta para a casa 14 para recomeçar seu caminho novamente. Quando tem medo de perder algo ou alguém ou a própria opinião significa que está com sua autoestima baixa.

Lembre-se, sejam quais forem os seus testes, você já tem dentro de si a força necessária para enfrentá-los.

Dirija-se à página 14.

3º PLANO: PLANO RACIONAL

Quando nos tornamos adultos, nosso ego não se satisfaz mais em manipular apenas a própria vida, começamos a julgar e sentir o desejo de mudar a sociedade em que vivemos. Saímos em busca de influências, nos identificamos com movimentos evolucionistas, antirracistas, de proteção aos animais, movimentos políticos, cada um se identifica com os movimentos ligados às atividades que escolheu para viver nesta sociedade. Neste plano podemos agir com mais segurança, mas aprendemos que toda ação produz uma reação. Aqui qualquer excesso de confiança derrubará o jogador.

19 - PERDÃO: é o aspecto mais positivo da imaginação. É quando damos uma segunda chance a algo ou alguém ou a nós mesmos.

É muito mais fácil falar sobre o ato de perdoar do que fazê-lo e, no geral, esse ato supõe um grande desafio. De algum modo, o perdão, com amor e tolerância, realiza milagres que não aconteceriam de outra maneira. O perdão gera um ambiente para um novo recomeço.

O perdão pode ser considerado simplesmente em termos dos sentimentos da pessoa que perdoa, ou em termos do relacionamento entre o que perdoa e a pessoa perdoada. É normalmente concedido sem qualquer expectativa de compensação, e pode ocorrer sem que o perdoado tome conhecimento (por exemplo, uma pessoa pode perdoar outra pessoa que está morta ou que não vê há muito tempo).

Em outras palavras, você pode pedir perdão ou perdoar outra pessoa sem precisar falar com ela sobre isso. É simplesmente retirar as cargas de culpa de um fato ou acontecimento. EFT, Ho'oponopono, Alquimia Evolucional®, técnicas de cura quântica estão disponíveis para você mudar uma situação que você entende que está bloqueando o progresso do seu projeto.

Por essa consciência de que está em suas mãos perdoar e seguir em frente, suba para a página 67.

GRATIDÃO

A verdade é que atrair abundância para a nossa vida é muito mais simples do que pensamos. Nós vivemos em um mundo material. Nós todos queremos coisas boas e muitos de nós sonhamos em nos tornar ricos. Muitos de nós, porém, equiparam a riqueza com o dinheiro.

Quanto mais você está em um estado de gratidão, mais vai atrair coisas pelas quais deve ser grato. Estudos da Mecânica Quântica estão confirmando que a matéria e a realidade podem ser alteradas pelos nossos pensamentos. A Lei da Atração, um dos cinco princípios fundamentais da existência, nos diz que “semelhante atrai semelhante”.

É um fato científico que os pensamentos são energia. Os neurônios em nosso cérebro produzem pensamentos. Se a energia segue a energia, então a energia segue o pensamento. Todos nós temos a capacidade de mudar o nosso pensamento.

Podemos olhar para qualquer situação na vida e encontrar algo de bom nela, se essa é a nossa inclinação. Coisas boas e más acontecem na vida todos os dias. A perspectiva que optamos por focar é inteiramente nossa. É possível treinar nossa mente para ver o lado bom da vida e das situações. Ainda que isso não mude o fato vivido, pode mudar a gente. É necessário REavaliar e analisar os próprios pensamentos e entender como eles podem afetar nossa percepção. Isso é essencial para poder ver a vida de forma diferente e REaprender a ser mais leve, mais feliz.

Se você ainda tem jogadas, lance o dado.

Caso dê o número 6, vá para a página 26.

Caso dê o número 5, vá para a página 25.

Caso dê o número 4, vá para a página 24.

Caso dê o número 3, vá para a página 23.

Caso dê o número 2, vá para a página 22.

Caso dê o número 1, vá para a página 21.

RESPONSABILIDADE

Você é responsável por tudo que lhe acontece, você comanda sua história, ninguém está fora da lei de ação e reação, não adianta culpar ninguém. Terceira lei de Newton; ação e reação. A vida é regida pela lei de causa e efeito, ou seja, a toda ação corresponde uma reação. Se a ação for negativa, a consequência também o será, mas se a ação for positiva, logo a pessoa receberá o bem praticado.

Controle seus Pensamentos, aprenda a usá-los para a realização dos seus projetos. Seja o Senhor de seu mundo interior. "Só pense no bem que se manifestará. Só pense no bem que se manifestará. Todo o bem que vem, vem bem; esse é o bem maior. Essa é a luz do caminho, não me sinto sozinho, sou feliz com vocês que são do bem".

Se você ainda tem jogadas, lance o dado.

Caso dê o número 6, vá para a página 27.

Caso dê o número 5, vá para a página 26.

Caso dê o número 4, vá para a página 25.

Caso dê o número 3, vá para a página 24.

Caso dê o número 2, vá para a página 23.

Caso dê o número 1, vá para a página 22.

COOPERAÇÃO

PÁGINA 22

Ao ensinar o que você aprendeu, você abrirá espaço para novos aprendizados. Cooperação é um estado de espírito que busca constantemente o benefício mútuo em todas as interações humanas. Não se trata do meu jeito ou do seu jeito, e sim de um jeito melhor.

Significa entender que os acordos e soluções são mutuamente benéficos, mutuamente satisfatórios. Todas as partes se sentem bem com a decisão; baseia-se no paradigma de que há bastante para todos, que o sucesso de uma pessoa não se conquista com o sacrifício ou a exclusão de outra.

Você entendeu ou optou pela prática do compartilhar, aprender a dar e receber, a falar e ouvir. O cooperativismo ou a cooperação fez de você uma pessoa equilibrada. Você conseguiu uma ação ideal, ou seja, reunir todas as suas virtudes e qualidades em seu agir...

Por aprender a ouvir primeiro e falar depois, você ganhou o direito de subir para a página 32.

COMPREENSÃO

Você deve estar pensando que não fez nada para merecer certos acontecimentos ruins na sua vida. E o que você fez para não merecer?

É necessário que você tenha compaixão por si mesmo, que tenha compaixão pelos outros, que tenha apreciação pelas qualidades positivas que pode manifestar, apreciação pelas qualidades positivas que os outros podem manifestar também. Quando a pessoa manifesta isso, a culpa desaparece.

Existe um caminho fundamental para assumir as rédeas da vida: deixar de ser vítima das circunstâncias para tornar-se protagonista de sua própria história. Algumas pessoas sentem que devem punir-se com a negação ou com a autossabotagem, como punição, quando se sentem "culpadas". Elas não acreditam que os sentimentos de culpa são castigo suficiente para o seu mal-estar. Você precisa compreender que terá que perseverar, para percorrer seu próprio caminho, livre das opiniões dos outros.

Se você ainda tem jogadas, lance o dado.

Caso dê o número 6, vá para a página 29.

Caso dê o número 5, vá para a página 28.

Caso dê o número 4, vá para a página 27.

Caso dê o número 3, vá para a página 26.

Caso dê o número 2, vá para a página 25.

Caso dê o número 1, vá para a página 24.

CONFIANÇA

Está na hora de agir com segurança em suas atividades materiais e consigo mesmo. Mantenha a confiança em suas expressões. Permita que a Alegria faça parte de sua vida, pois enquanto tudo passa você estará sempre presente assistindo a tudo passar.

A primeira atitude que deve ter para conquistar mais confiança é identificar os seus objetivos de maneira clara. Dessa maneira, conseguirá ter mais coragem por ter uma visão daquilo que deseja para o futuro e assim alcançará o sucesso. Quando você vive um estado de "crer de verdade", você tem confiança. Mas não confunda com fé cega. Ou esperança. Se for dessa forma, será um estado sem nenhum PODER. A verdadeira confiança vem do CONHECIMENTO; o conhecimento traz a necessária confiança inabalável para o futuro do seu projeto.

Para que você alcance seus objetivos, você precisa crer em algo que ainda não chegou. Então, em outras palavras, para haver manifestação ou criação externa, é preciso que haja uma ideia clara do que você quer.

Se você ainda tem jogadas, lance o dado.

Caso dê o número 6, vá para a página 30.

Caso dê o número 5, vá para a página 29.

Caso dê o número 4, vá para a página 28.

Caso dê o número 3, vá para a página 27.

Caso dê o número 2, vá para a página 26.

Caso dê o número 1, vá para a página 25.

DETERMINAÇÃO

Para ter sucesso e levar seus objetivos adiante, você precisa aceitar certa dose de incerteza ao traçar os seus caminhos para o futuro; construindo seus resultados para colher os frutos mais tarde. Determinação e garra para lidar com esse medo e as dificuldades são ingredientes especiais para o sucesso do seu projeto.

O primeiro passo é esquecer as desculpas para adiar o início da mudança que você deseja. Desculpas como "é preciso dinheiro", "é preciso muito tempo", "vou esperar emagrecer", "vou esperar meus filhos se formarem", "vou fazer mais um curso" são só desculpas. Não haverá aquele dia em que você vai se levantar e dizer "hoje estou pronto". Por isso você deve ir; mesmo sem vontade, vá! Comece com pequenos objetivos e vá aumentando-os até chegar ao nível desejado.

Se você ainda tem jogadas, lance o dado.

Caso dê o número 6, vá para a página 31.

Caso dê o número 5, vá para a página 30.

Caso dê o número 4, vá para a página 29.

Caso dê o número 3, vá para a página 28.

Caso dê o número 2, vá para a página 27.

Caso dê o número 1, vá para a página 26.

DAR E RECEBER

PÁGINA 26

Deepak Chopra diz que em nossa própria capacidade de dar o que almejamos, encontra-se a chave para atrair a abundância do universo, o fluxo da energia universal para a nossa vida. Assim se desencadeia o processo de circulação de energia, alegria, riquezas e abundância. O fluxo da vida nada mais é do que a interação harmoniosa de todos os elementos e de todas as forças que estruturam o campo da existência. E essa interação harmoniosa opera pela lei da doação. Se, por exemplo, nós interrompemos a circulação do dinheiro, acumulando-o, interrompemos também sua circulação em nossa vida, porque dinheiro é uma moeda corrente. Ela corre igual um rio. Se você a interrompe em algum momento, essa energia fica estagnada.

Por isso muitas pessoas têm dificuldade em ter dinheiro, pois têm tanto medo de perder o que tem que o seguram. Aí ele não sai, mas também não entra. E é assim também com os relacionamentos. Quanto mais damos amor, mais recebemos; quanto mais atenção damos, mais recebemos atenção. E isso acontece porque mantemos a abundância do universo circulando, sem aprisionarmos nada nem ninguém, até porque nada é nosso. Então, tudo o que é valioso só se multiplica quando é dado. Mas cuide: se você tiver qualquer sentimento de perda, então não houve a real doação, não houve troca de energia. Porque doar é entregar com amor, e se você exigir imediatamente algo em troca, então é negociação.

A maior Lei em todo o Universo, regida pelo Amor, é única e diz: "É dando que se recebe". Em acordo com essa lei, você receberá a ajuda para encontrar o que procura.

Se você ainda tem jogadas, lance o dado.

Caso dê o número 6, vá para a página 32.

Caso dê o número 5, vá para a página 31.

Caso dê o número 4, vá para a página 30.

Caso dê o número 3, vá para a página 29.

Caso dê o número 2, vá para a página 28.

Caso dê o número 1, vá para a página 27.

AMIZADE

Uma amizade verdadeira sobrevive a todos os testes de tempo e distância. Se o sentimento é recíproco, vai perdurar e continuará firme e forte! Você está sendo amigo sincero e verdadeiro e, com isso, atrairá a atenção de amigos verdadeiros e sinceros que o ajudarão a crescer no jogo da vida. A amizade é um tesouro que não se deteriora com o tempo.

Os bons amigos não apenas conhecem todas as nossas histórias, como fazem parte delas. Os verdadeiros amigos nos fazem sentir que, não importa o problema que tenhamos que enfrentar, eles sempre estarão ao nosso lado.

Amizade é assim. É sentir o carinho, é ouvir o chamado, é saber o momento de ficar calado. Amizade é somar alegrias, dividir tristezas. É respeitar o espaço, silenciar o segredo, é a certeza da mão estendida, a cumplicidade que não se aplica, apenas se vive.

Se você ainda tem jogadas, lance o dado.

Caso dê o número 6, vá para a página 33.

Caso dê o número 5, vá para a página 32.

Caso dê o número 4, vá para a página 31.

Caso dê o número 3, vá para a página 30.

Caso dê o número 2, vá para a página 29.

Caso dê o número 1, vá para a página 28.

4º PLANO: PLANO DO EQUILÍBRIO

Desapegar-se um pouco do materialismo é a chave para começar a ouvir a voz que vem do seu coração, aqui neste plano o jogador consegue começar a refinar os seus sentimentos para entender o jogo da vida. Abrir-se para o amor levará o caminhante a buscar saúde, religiosidade, equilíbrio e clareza com seus sentimentos e pensamentos.

28 – CARIDADE: sabemos da importância da prática da caridade em favor do próximo, sabemos do valor disso. Mas você tem se lembrado de ser também caridoso consigo mesmo? Afinal de contas, você é o próximo mais próximo de si mesmo. Se você não for capaz de algum gesto de amor por si mesmo, dificilmente será capaz de amar outra pessoa. Para chegar ao próximo, o amor carece de passar primeiramente por você. Ninguém dá o que não tem.

Você tem alimentado o estômago de muitas pessoas, mas há quanto tempo sua alma está faminta de amor? Você tem perdoado injúrias de toda parte, porém, há quanto tempo está preso nas grades da culpa por falta de perdão a si mesmo? Você tem lavado feridas de enfermos, mas o que tem feito das feridas interiores que ainda sangram? Você tem consolado os aflitos, todavia por que não tem dado a si mesmo o remédio que distribui aos outros? Você tem socorrido a infância desvalida, nada obstante o que tem feito por sua criança interior que se encontra há muito tempo abandonada? Você tem doado roupas a mendigos e maltrapilhos, mas por que ainda não se vestiu de afeto e carinho? Por que somente os outros devem ser amados? Por que somente os outros devem ser perdoados? Por que somente os outros carecem de ajuda? Você não é um ser à parte da criação, por isso é tão digno, merecedor e necessitado do mesmo amor que dá aos semelhantes. Que a partir de agora você aprenda a ser também caridoso com você, promovendo seu autoaperfeiçoamento.

Se você ainda tem jogadas, lance o dado.

Caso dê o número 6, vá para a página 34.

Caso dê o número 5, vá para a página 33.

Caso dê o número 4, vá para a página 32.

Caso dê o número 3, vá para a página 31.

Caso dê o número 2, vá para a página 30.

Caso dê o número 1, vá para a página 29.

ANSIEDADE

PÁGINA 29

A ansiedade se caracteriza pela preocupação desproporcional de pessoas que antecipam problemas que não acontecem, têm pensamentos obsessivos, medos e dificuldades. A ansiedade exagerada leva a confusões e é um transtorno que leva a crises. Essa confusão resulta na falta de fé na realização do seu projeto.

Você não acredita em si mesmo, está irritado e impulsivo, isso atrapalha o bom funcionamento da sua memória. Para relaxar é preciso meditar, pelo menos 10 minutos ao dia. Imagine a sensação de uma criança indo para casa, correndo para os braços de sua mãe. A criança se sente segura, tranquila e acolhida, toda a ansiedade desaparece.

Ao praticar meditação, a ansiedade e o medo desaparecem espontaneamente como se fosse um efeito colateral do sentimento de estar voltando para casa, uma transformação positiva e holística que beneficia todas as áreas da vida.

Para se livrar da ansiedade, retorne à página 8.

RELAÇÕES DOENTIAS

Nossa energia vital está em constante movimento. Durante nossa vida, nós recebemos, doamos e trocamos energias; o universo irradia energia. Porém, existem pessoas que se alimentam de nossa energia vital, pois não conseguem equilibrar suas próprias e não a conseguem obter de forma natural. Na grande maioria das vezes, elas nem sequer imaginam que estejam fazendo isso e nem mesmo nós conseguimos perceber e nos defender. Apenas ficamos mal, fracos, cansados, desenergizados e não percebemos ou paramos para pensar na causa.

Precisamos estar atentos quando vivemos situações em que tentamos poupar alguém de colher os próprios frutos. A superproteção não ajuda ninguém no caminho da evolução. Muitas vezes o indivíduo precisa, sim, ter a possibilidade de aprender a lidar com seu sofrimento, com as questões familiares e com suas próprias questões, mas muitas vezes essa crise vem falar de uma paralisação em um processo do desenvolvimento do sujeito. O superprotegido nunca aprenderá a tomar as suas próprias decisões, a gerenciar a sua própria vida ou resolver os seus problemas, sempre dependerá de alguém porque não sabe fazer nada sozinho. Será um frustrado, pois nem tudo na vida acontece exatamente como queremos.

Precisamos acreditar que tudo vai dar certo, com esse sentimento conseguimos vencer nossos obstáculos pela vida. Isso é sinal de esperança surgindo no íntimo do jogador.

Se você ainda tem jogadas, lance o dado.

Caso dê o número 6, vá para a página 36.

Caso dê o número 5, vá para a página 35.

Caso dê o número 4, vá para a página 34.

Caso dê o número 3, vá para a página 33.

Caso dê o número 2, vá para a página 32.

Caso dê o número 1, vá para a página 31.

ABNEGAÇÃO

Fazer o que tem que ser feito e dar o melhor de si pode funcionar como um portal para que os seus desejos venham até você. As circunstâncias podem não ser as mais favoráveis, o trabalho que você queria, a vida que você queria, a família que você queria, mas reclamar não ajudará. Ao contrário, aquilo em que focamos nossa atenção é o que atraímos para nós.

Fazer o que tem que ser feito com abnegação não importando o que seja e não esperar por reconhecimento ou gratidão. Ao render-se você ajudará a evolução da vida ao seu redor, propiciando a atração de insights e a manifestação das sincronicidades, atraindo para sua vida aquela pessoa, fato ou acontecimento que trará a mudança que você deseja. Se há coisas que você precisa fazer, faça bem feito!

Se você ainda tem jogadas, lance o dado.

Caso dê o número 6, vá para a página 37.

Caso dê o número 5, vá para a página 36.

Caso dê o número 4, vá para a página 35.

Caso dê o número 3, vá para a página 34.

Caso dê o número 2, vá para a página 33.

Caso dê o número 1, vá para a página 32.

BÁLSAMO

O Criador do jogo da vida ao nos enviar para este cenário do jogo nos disponibilizou formas de vida natural, com a mente, corpo e espírito em equilíbrio. Uma das ferramentas de auxílio são os óleos essenciais.

Os óleos essenciais possuem uma ampla gama de propriedades curativas, podendo ser utilizados de forma eficaz para manter a saúde, estimulando a regeneração celular, aliviando dores, equilibrando as disfunções emocionais e combatendo bactérias, fungos e outras formas de infecções. Além de proporcionar alívio do estresse, aumento de energia e aumento da concentração mental.

Na aromaterapia, as propriedades, a fragrância e os efeitos dos óleos essenciais estimulam diferentes sistemas. Da mesma forma que a ligação estreita entre o olfato e o cérebro desencadeia um efeito indireto no sistema imune, que potencializa a capacidade do corpo de se curar a si próprio. Busque conhecimento, transforme os pequenos rituais diários de cuidados com o corpo em momentos de prazer e relaxamento, colocando o encanto da natureza em sua companhia.

Se você ainda tem jogadas, lance o dado.

Caso dê o número 6, vá para a página 38.

Caso dê o número 5, vá para a página 37.

Caso dê o número 4, vá para a página 36.

Caso dê o número 3, vá para a página 35.

Caso dê o número 2, vá para a página 34.

Caso dê o número 1, vá para a página 33.

RESPONSABILIDADE

PÁGINA 33

As escolhas que você toma se refletem sobre o seu futuro. Somos 100% responsáveis por tudo aquilo que nos acontece. O que é que você quer no fim das contas? Já parou para pensar seriamente sobre seus projetos? Assuma o controle das suas emoções, comece consciente e deliberadamente a remodelar a sua vida a partir das experiências diárias.

É quando você se entrega a uma ideia superior que conduz ao aprimoramento de Si Mesmo que passará aos planos elevados do pensamento e da Consciência, pesando e refletindo as palavras que emite e omite, para permitir sempre a manifestação do Silêncio e da Verdade, tudo em seu devido tempo.

Você vai ter um poder de atração baseado na energia que você escolhe emitir. Essas energias emanam dos seus sentimentos. Sentimentos são muito mais importantes que pensamentos ou palavras. É por intermédio dos sentimentos que criamos a nossa realidade.

A partir desse entendimento, você encurta seu caminho na busca da resposta que procura. Dirija-se à página 36.

POLARIDADE

Equilibrar polaridades masculino/feminino dentro de si fará com que consiga entender melhor a vida ao seu redor. Positivo ou Negativo não significa Bem ou Mal. Não é possível para você entender o que é positivo sem ter conhecido o negativo. O ego é formado desde o nascimento para que você possa viver na sociedade, para que você saiba se comportar segundo a moral da comunidade que você vive. Mas o ego é necessário para que você saiba a diferença dele e do Eu Superior. Não há como "matar" o ego, essa luta apenas o fortalece. Somente aceitando a sua sombra e integrando-a à sua personalidade o ego será silenciado; quando se der conta, não será mais comandado por ele.

É necessária muita meditação, investigação da mente e terapias alternativas diversas para conseguir finalmente entender o que o ego significa dentro de você. Você precisa perceber a diferença entre o ego e o Eu.

Se você ainda tem jogadas, lance o dado.

Caso dê o número 6, vá para a página 40.

Caso dê o número 5, vá para a página 39.

Caso dê o número 4, vá para a página 38.

Caso dê o número 3, vá para a página 37.

Caso dê o número 2, vá para a página 36.

Caso dê o número 1, vá para a página 35.

MAUS HÁBITOS

PÁGINA 35

Todo ser humano precisa se alimentar bem para ter saúde. Portanto, dependemos diretamente do quanto e do que comemos. São essas as condições para estar vivo e ter saúde. Alimentação corresponde a tudo que você absorve da vida pelos sentidos (comida, leitura, sons, aromas, contatos, energias, sentimentos e toques); está na hora de você começar a se alimentar conscientemente, pois tudo é ação e reação neste jogo. As informações também são alimentos que nos impulsionam a agir.

Questionar as ideias que colocam para você também é um hábito saudável, a dúvida científica permite as descobertas de novas formas de ver as coisas. Não siga os outros, apenas seguindo o que sente em seu coração é que encontrará o que procura.

Pelos seus maus hábitos, você deverá retornar no jogo. Dirija-se à página 12.

CLAREZA

PÁGINA 36

Por meio da meditação, quando você conscientemente reserva um tempo para limpar a sua mente e afastar ou estudar os seus pensamentos, com o tempo você se torna capaz de ouvir a voz suave do seu Eu verdadeiro em seu interior. É a sua conexão com o Divino e é o que o ajuda a tornar possíveis todas as coisas no mundo físico.

Ter clareza no coração e na mente, ter sentimentos tranquilos fecha o plano do equilíbrio e o levará para abertura de novos horizontes. Você encontrará novas maneiras de agir e por merecimento pelas suas obras você encontrou o momento mágico da abertura das portas da cura que você busca.

Se você ainda tem jogadas, lance o dado.

Caso dê o número 6, vá para a página 42.

Caso dê o número 5, vá para a página 41.

Caso dê o número 4, vá para a página 40.

Caso dê o número 3, vá para a página 39.

Caso dê o número 2, vá para a página 38.

Caso dê o número 1, vá para a página 37.

5º PLANO: PLANO DE ABERTURA

Neste plano o jogador começa a se abrir para a ideia da busca pelo autoconhecimento. Aqui ele já entende que se sua mente cria a realidade é justo que conheça como funciona sua mente para que possa fazer uma criação consciente da sua realidade. Abre-se a intuição e o jogador começa a ter contato com a voz do Eu Superior, que se torna o guia. Expande-se a criatividade e a influência energética no meio em que vive. O jogador toma consciência dessa expansão, toma consciência de que influencia as outras mentes e começa a liberar seus verdadeiros potenciais.

37 – EMPATIA: aqui você começa a sentir vontade de estudar suas reações e emoções, vontade de entender mais a si mesmo. Nesse entendimento de suas programações mentais, você desenvolve inclusive mais empatia pelos outros seres humanos, pois percebe as programações dos outros também.

Isso se transforma em uma ferramenta poderosíssima de cura. Uma energia tão poderosa e transformadora que interfere em todas as suas relações e com benefícios que só se apresentam quando você acredita que merece e aceita essa cura.

Se você ainda tem jogadas, lance o dado.

Caso dê o número 6, vá para a página 43.

Caso dê o número 5, vá para a página 42.

Caso dê o número 4, vá para a página 41.

Caso dê o número 3, vá para a página 40.

Caso dê o número 2, vá para a página 39.

Caso dê o número 1, vá para a página 38.

SABEDORIA

Em diversos momentos da vida, vamos nos deparar com situações diferentes daquilo que sonhamos, planejamos e desejamos. São momentos difíceis, porém, de grande aprendizado. Se acreditarmos que a vida segue um curso justo, aceitamos determinadas situações, acreditando que naquele momento aquilo é o melhor que pode acontecer. Para mudar algo que não está bom, você precisa acolher a situação, conhecê-la, entendê-la e escolher o seu próximo passo. E você não consegue fazer isso se não aceitar as coisas como são.

Senhor, dai-me força para mudar o que pode ser mudado. Resignação para aceitar o que não pode ser mudado. E sabedoria para distinguir uma coisa da outra. (São Francisco de Assis)

Se você ainda tem jogadas, lance o dado.

Caso dê o número 6, vá para a página 44.

Caso dê o número 5, vá para a página 43.

Caso dê o número 4, vá para a página 42.

Caso dê o número 3, vá para a página 41.

Caso dê o número 2, vá para a página 40.

Caso dê o número 1, vá para a página 39.

DETOX

O corpo humano é um sistema perfeito. Agora, neste momento, em que você está fazendo este jogo, todo o seu organismo está trabalhando, numa sincronia e perfeição que nenhuma máquina jamais inventada poderia imitar. Nossa respiração, que realizamos inconscientemente e que está presente desde o momento de nossa concepção, oxigênio dos PULMÕES até a última de nossas células. O CORAÇÃO, que já bate no pequeno feto, bombeia o sangue à altura de três andares, mas os 5 litros de que dispomos chegam a vasos tão finos quanto fio de cabelo, com a leveza de uma pluma. E não para por aí, a área de absorção intestinal é de mais ou menos 200m em um adulto, as pregas e microvilosidades existentes fazem essa área aumentar mais, pelo menos 15 a 40 vezes. Nosso intestino, esse tubo digestivo que todos acham de péssima aparência, é um cérebro sensível na verdade, emocionável, irritável e magoável que incansavelmente emite sinais ao cérebro chique e branquinho lá de cima, na cabeça. No intestino delgado, ocorre a formação de 95% da SEROTONINA corporal. Já ouviu falar dela? A serotonina age em nosso corpo como o mediador de nossos pensamentos, das nossas lembranças, dos nossos sonhos; nossa vontade de viver depende muito dessa substância, ela é absorvida de nossa dieta e transformada em nossa intimidade intestinal. Está faltando Serotonina na sua vida.

Busque informações e faça uma desintoxicação.

Se você ainda tem jogadas, lance o dado.

Caso dê o número 6, vá para a página 45.

Caso dê o número 5, vá para a página 44.

Caso dê o número 4, vá para a página 43.

Caso dê o número 3, vá para a página 42.

Caso dê o número 2, vá para a página 41.

Caso dê o número 1, vá para a página 40.

RESPIRAÇÃO

Em poucos minutos, a prática de exercícios respiratórios traz controle da mente, desestressa e revitaliza. O prana não vem de nenhuma coisa que possa ser comprada, como alimento ou bebida — vem da respiração. Aquele respirar fundo e tranquilo depois de uma boa atividade física; quando estamos com a pessoa amada; ou quando dormimos. O corpo físico pode até estar bem, mas pode estar "anêmico" de prana.

A respiração é a porta de entrada para a atenção mais internalizada, para a meditação, e também um dos principais meios de manter a atenção e conseguir meditar por uma maior quantidade de minutos. Muitos são os benefícios dos exercícios respiratórios.

Pela expiração, inspiração e retenção de pranayama, o diafragma sobe, contrai e relaxa os músculos abdominais e massageia intestinos e rins, tonificando e proporcionando excreção de substâncias prejudiciais. O estômago, o pâncreas e o fígado, são todos exercitados com a prática. Isso é feito por meio de uma massagem suave feita pelo diafragma e os músculos abdominais, controlando diversas funções fisiológicas que vitalizam o organismo humano. Respirar faz uma massagem suave no coração e ajuda o sistema circulatório. Os resultados são instantâneos com práticas respiratórias. Pratique!

Se você ainda tem jogadas, lance o dado.

Caso dê o número 6, vá para a página 46.

Caso dê o número 5, vá para a página 45.

Caso dê o número 4, vá para a página 44.

Caso dê o número 3, vá para a página 43.

Caso dê o número 2, vá para a página 42.

Caso dê o número 1, vá para a página 41.

A LEI DO SER ÚNICO

Todos nós sabemos no fundo que somos únicos, mas a maior parte vive como se fosse apenas mais um. Você é único em todo o Universo! Jamais houve ou haverá outro igual. Ninguém em parte alguma do universo viveu as experiências que você viveu, ninguém teve os mesmos pais e nasceu no mesmo grau de filiação que você, ninguém mais com esses mesmos pais e irmãos se sentou no mesmo lugar da escola e aprendeu da forma que você aprendeu. Você é único no universo, pois seu DNA é único. Nunca antes na história nasceu uma pessoa com a mesma informação genética que você, muito menos que tenha crescido no mesmo ambiente, sob as mesmas condições.

Todas as experiências que você viveu transformaram você no ser único que você é, e só você pode contribuir com sua energia única para a evolução do planeta. Não se compare a ninguém, não existe parâmetro para comparação. Esse é o nosso dom à totalidade. Quando ficamos homogeneizados, tentando nos encaixar ou tentando ser algo que não somos, nossa verdadeira natureza não chega a expressar-se. Isso pode tornar nossas vidas bem desconfortáveis e até dolorosas, ao mesmo tempo em que nossa própria luz única não chega a brilhar e o mundo não chega a beneficiar-se com o que nós, na verdade, temos a oferecer.

Não tente se adaptar a situações impostas a você. Viva e faça sua própria vida!

Se você ainda tem jogadas, lance o dado.

Caso dê o número 6, vá para a página 47.

Caso dê o número 5, vá para a página 46.

Caso dê o número 4, vá para a página 45.

Caso dê o número 3, vá para a página 44.

Caso dê o número 2, vá para a página 43.

Caso dê o número 1, vá para a página 42.

MAESTRIA

Você encontrará sua própria maestria quando você tiver a convicção de que o que está fazendo é aquilo que você ama e que faz de um modo único. Ter a consciência clara do que você quer e de onde quer chegar fará com que economize muito tempo da sua jornada. Afinal de contas, nem só de dinheiro vive o ser humano. Realização e desenvolvimento do próprio potencial são algo tão importante quanto, para viver uma vida mais feliz e significativa. Todo mundo tem necessidade de crescer, ou você está crescendo ou está morrendo. Só é possível atingir essa satisfação depois de encontrar a própria vocação. Ao descobrir nossas inclinações primordiais, podemos trabalhar para gerar riqueza e ser feliz ao mesmo tempo. E a sensação de estar perdido sem saber o que fazer na vida vai se dissipar. Podemos crescer com qualquer experiência na vida. Podemos crescer observando o tempo, uma conversa, interagindo com qualquer pessoa, lendo um livro, até assistindo a um filme ou documentário. A primeira estratégia é a da inclinação primordial, que se baseia em buscar na sua infância por desejos puros, não contaminados pelas crenças que você absorveu enquanto amadurecia. Buscar em suas memórias por situações em que você se sentiu diferente, excitado, com brilho nos olhos diante de algo. Pode ser demorado revisar essas memórias, mas é fundamental. O que você faria o tempo inteiro se pudesse? O que realmente traz brilho nos olhos? Identifique de início seus dois maiores interesses. A seguir, combine os dois de uma maneira única, já que possui uma visão privilegiada de ambos. Use cada atividade como instrumento para ajudá-lo a "sentir" melhor em que direção seguir e não tenha medo de descartá-las quando chegar a hora.

Se você ainda tem jogadas, lance o dado.

Caso dê o número 6, vá para a página 48.

Caso dê o número 5, vá para a página 47.

Caso dê o número 4, vá para a página 46.

Caso dê o número 3, vá para a página 45.

Caso dê o número 2, vá para a página 44.

Caso dê o número 1, vá para a página 43.

INTUIÇÃO

Intuição é uma forma de conhecimento que está dentro de todos nós, embora nem todas as pessoas saibam utilizá-la. A mente possui uma infinidade de experiências gravadas. Desde que nascemos, conhecemos pessoas de diferentes personalidades e passamos por muitas situações, tanto boas quanto ruins. Todas essas experiências ficaram arquivadas na nossa mente, e às vezes não sabemos o porquê, mas temos a sensação de que certa pessoa não é confiável, ou que alguma coisa não sairá bem se tomarmos uma determinada decisão.

Sua natureza intuitiva está enviando sinais para que você saiba que está no caminho certo, e os sonhos que você tem guardados em seu coração por muito tempo estão prestes a se manifestar. Siga os sussurros de dentro de você e saiba que seus anjos estão lhe dando sinais para iluminar o caminho.

Pessoas com baixa autoestima têm mais dificuldade em acreditar na inteligência intuitiva por causa da desconfiança em relação a tudo o que venha de seu interior. Você tem o que é necessário! Acredite em si mesmo!

Se você ainda tem jogadas, lance o dado.

Caso dê o número 6, vá para a página 49.

Caso dê o número 5, vá para a página 48.

Caso dê o número 4, vá para a página 47.

Caso dê o número 3, vá para a página 46.

Caso dê o número 2, vá para a página 45.

Caso dê o número 1, vá para a página 44.

INFLUÊNCIA

PÁGINA 44

A consciência manipuladora utiliza de artimanhas e técnicas para controlar os outros e atingir os seus objetivos egoicos.

Entre as estratégias de manipulação estão: a sedução, o envolvimento, a persuasão, o aliciamento, a tentação, a chantagem emocional, a imposição do sentimento de culpa, o senso de obrigação, os medos irracionais, a doutrinação, o vampirismo energético, o fascínio carismático.

A manipulação de interesses, pensamentos e sentimentos alheios é feita, muitas vezes, de modo quase imperceptível. A carência torna você mais vulnerável à manipulação emocional. Também torna você propenso a manipular os outros. Você pode gostar de alguém, sentir carinho por essa pessoa e inclusive admirá-la, mas sempre dentro do normal. Quando há um excesso, deve se perguntar por que a admira tanto assim, se é por uma tentativa de manipulação ou porque a sua autoestima é baixa e você a está idealizando.

A carência é a falta ou necessidade de algo. Pode ser: carência afetiva, que é a necessidade incessante de receber afeto, a estima e consideração dos outros; carência energética ou a insuficiência quanto às energias; carência sexual, falta ou privação de energias afetivo-sexuais; carência intelectual ou carência de coragem ou ausência de autoconfiança e medo.

Por esse deslize de consciência, vá para a página 18.

PRESENÇA

Estar presente pode gerar transformações, pelo simples fato de uma situação ser observada, pois a consciência se expressa naquele momento. Muitas vezes julgamos determinados pensamentos como necessários, valiosos ou inofensivos, enquanto, na verdade, eles não o são; pensamentos desnecessários transitam em nossa mente e obscurecem a própria percepção da realidade presente.

A Percepção do Aqui e Agora traz as melhores respostas aos desafios da vida e a melhor percepção dos acontecimentos da vida ocorre a partir de um estado de Presença, portanto, quanto mais presente você estiver, melhor será seu futuro, quanto mais presente você estiver, melhor será o futuro dos que nos cercam!

Se você ainda tem jogadas, lance o dado.

Caso dê o número 6, vá para a página 51.

Caso dê o número 5, vá para a página 50.

Caso dê o número 4, vá para a página 49.

Caso dê o número 3, vá para a página 48.

Caso dê o número 2, vá para a página 47.

Caso dê o número 1, vá para a página 46.

6º PLANO: PLANO DA TRANSFORMAÇÃO

Neste plano começa a doutrinação do ego. Desenvolve-se mais consciência gerando autodisciplina. Começa-se a ter cuidado com os atos e palavras, pois se sabe que com isso se transforma o mundo à sua volta e o próprio viver. Há uma maior amorosidade e maestria nas ações, começa uma desidentificação com a ignorância e a com a ilusão. Deixa-se de ser reativo para ser um executor.

46 – EU SUPERIOR: a meditação permite-nos realmente ir para dentro e acalmar o ruído de nossos cérebros e da vida cotidiana. Não só alivia o stress, ansiedade, depressão e outros problemas de saúde, mas permite que você se conecte com as esferas superiores. Vocês têm em seu interior o portal para toda a orientação e inspiração de que você precisa. A Imagem do Seu Eu Divino está situada entre a alma encarnada e a Presença do EU SOU. Conectar-se com seu Eu Superior significa atrair relacionamentos em sua vida que reflitam essa perfeição. Conectar-se com o Eu Superior significa perceber o seu potencial, e esquecer todas as crenças limitantes, isso ajudará a coordenar sua consciência que está despertando. A vida ficará mais criativa e aberta a novas possibilidades.

Quando você permitir que a dúvida paire sobre sua cabeça, você se sentirá sozinho e desamparado. A dúvida benéfica permite os avanços da ciência, mas a falta de fé fecha as portas para novos conhecimentos e você passa a viver a vida a partir das ideias de outras pessoas. Quando você não vive sua própria vida, você vive a vida de alguém. Despertar para o Eu Superior também expandirá sua mente e a tornará mais fluida.

Se você ainda tem jogadas, lance o dado.

Caso dê o número 6, vá para a página 52.

Caso dê o número 5, vá para a página 51.

Caso dê o número 4, vá para a página 50.

Caso dê o número 3, vá para a página 49.

Caso dê o número 2, vá para a página 48.

Caso dê o número 1, vá para a página 47.

PERMITA-SE

Aconteça o que acontecer, esteja você onde estiver, esteja sempre aberto para as bênçãos que a Vida tem para lhe dar. Somos programados a permanecer naquilo que é conhecido: nossa vida, nossa rotina, nosso mundo, nosso passado. Mas o que nos faz recomeçar é o inesperado.

"Vivendo e aprendendo, na vida temos muitas surpresas, boas, ruins, inesperadas... Temos que estar preparados para reagir a cada uma delas. Chore, ria, faça careta, pule, dance, cante, corra, viva. Não tenha medo de Viver e ser feliz! Existem momentos na vida, que podem parecer bobos, que podem parecer comuns para você, mas um dia você poderá olhar pra trás e dizer: esse foi o dia mais feliz de minha vida, "até agora". Por isso, aprecie cada momento na vida, como se fosse único, e especial, com uma pessoa especial. Não busque a felicidade muito longe, ela pode estar mais perto do que você imagina! Tente apenas ser feliz, faça o que der vontade, não se importe com o que os outros dizem sobre você, porém, tente não dizer nada sobre os outros. Não faça com o próximo o que não quer para si mesmo". (Victor Hugo)

Se você ainda tem jogadas, lance o dado.

Caso dê o número 6, vá para a página 53.

Caso dê o número 5, vá para a página 52.

Caso dê o número 4, vá para a página 51.

Caso dê o número 3, vá para a página 50.

Caso dê o número 2, vá para a página 49.

Caso dê o número 1, vá para a página 48.

SILÊNCIO CONSCIENTE

"Ser ou não ser, eis a questão": há quatro séculos, repetimos essa frase não lhe dando o real sentido e valor. Essa pergunta nos remete à complexidade do processo de consciência. Hamlet sozinho em sua consciência indaga: "Quando é que as pessoas vão parar de me dizer o que deve ser dito e me dizer como as coisas realmente são?".

Para obter consciência, é preciso combater os processos internos, mas olhar para si com tanta verdade é um trabalho árduo. O trabalho de obter mais consciência vai além do processo de autoajuda, é muito mais grave que isso. Tente descobrir o que realmente é. E sua consciência vai fazer com que não seja falso, vazio e comum. Diminua o espaço que existe entre seus discursos e ações. Assumir a responsabilidade por seus atos e ações é um grande passo no processo de consciência.

A prática simultânea e combinada desses três aspectos: o silêncio, o propósito claro e a determinação inabalável — desenvolve dentro de nós um sentido de disciplina que passa a operar continuamente, dando significado a todas as nossas atitudes e nos protegendo dos seguidos ataques do ego, um mestre em criar motivos sensatos e razoáveis para nos afastar do caminho.

"O silêncio é a comunhão de uma alma consciente consigo mesma". (Henry Thoreau)

Se você ainda tem jogadas, lance o dado.

Caso dê o número 6, vá para a página 54.

Caso dê o número 5, vá para a página 53.

Caso dê o número 4, vá para a página 52.

Caso dê o número 3, vá para a página 51.

Caso dê o número 2, vá para a página 50.

Caso dê o número 1, vá para a página 49.

PONDERAÇÃO

Algumas atitudes são requeridas para nos tornarmos ponderados. A primeira delas é a sinceridade na aspiração e a determinação a evoluir, a ir adiante, mesmo que exista alguma reação nossa, mesmo que não estejamos dispostos. Para optar com correção, temos, portanto, de diferenciar o que provém da natureza da alma, do interno do nosso ser, daquilo que provém da personalidade, da natureza externa.

Ponderar significa observar com atenção minuciosa. Significa medir e pesar todos os lados de uma questão antes de formar juízo sobre ela, ou antes de agir. É requisito para uma ação interior profunda.

O ego nos empurrará para longe do caminho, mas nós, pelo uso da ponderação consciente e flexível, simplesmente voltaremos para ele assim que nos dermos conta do nosso engano, sem sentimento de culpa nem ressentimentos. Quando percebemos que erramos, apenas corrigimos tranquilamente a nossa rota, nada mais. Essa é a disciplina daquele que busca evoluir sem causar dramas existenciais. E não há liberdade sem disciplina, o que não nos assusta nem desanima, mas acrescenta um grande fascínio em nossas vidas.

Se você ainda tem jogadas, lance o dado.

Caso dê o número 6, vá para a página 55.

Caso dê o número 5, vá para a página 54.

Caso dê o número 4, vá para a página 53.

Caso dê o número 3, vá para a página 52.

Caso dê o número 2, vá para a página 51.

Caso dê o número 1, vá para a página 50.

SOL

O Sol, nossa fonte de luz e de vida, é a estrela mais próxima de nós e a que melhor conhecemos. No primeiro dia da criação, observamos Deus dizendo "haja luz" e fazendo uma separação entre dois elementos: a luz e as trevas (escuridão). O aparecimento dessa luz gera uma separação entre a luz e a escuridão.

Fonte gratuita e natural de vitamina D, o sol também ajuda a eliminar a depressão, o sol estimula a liberação de endorfina, neurotransmissor responsável pela sensação de prazer e bem-estar. A luz do sol desencadeia uma série de reações químicas que nos deixam com mais disposição.

Se você ainda tem jogadas, lance o dado.

Caso dê o número 6, vá para a página 55.

Caso dê o número 5, vá para a página 54.

Caso dê o número 4, vá para a página 54.

Caso dê o número 3, vá para a página 53.

Caso dê o número 2, vá para a página 52.

Caso dê o número 1, vá para a página 51.

LUA

A lua é feminina e acompanha os ciclos das mulheres não à toa, o calendário menstrual completa-se a cada 28 dias, tempo necessário para a lua dar a volta em torno da Terra. A relação entre as fases da lua e a gravidez: Nova no momento da concepção; Crescente em relação ao próprio desenvolvimento do feto (ou dos nossos próprios projetos); Cheia quanto ao nascimento; e Minguante, do parto (quando toda a vitalidade transfere-se ao leite materno). Na nossa vida, também podemos usar as fases da lua em nosso desenvolvimento pessoal.

LUA NOVA, CONCEPÇÃO: força da ação, capacidade para criar, facilidade de lidar com todos os aspectos da vida. No dia a dia: é o melhor momento para iniciar uma dieta ou, mesmo, mudar a maneira de se alimentar. Nessa fase, o organismo fica mais leve, tem a capacidade de armazenar novas energias. Para mudar o visual, também é a mais indicada, ela traz uma ousadia especial.

LUA CRESCENTE, DESENVOLVIMENTO: faz com que a pessoa sempre coloque a sua individualidade para fora, ou seja, viva o seu Sol ou signo com toda a sua potencialidade. No dia a dia: pede um pouco mais de cuidado em relação a comidas e bebidas, é o momento de moderação. É ideal para começar tratamentos estéticos e, principalmente, para cortar o cabelo se você deseja crescimento rápido.

LUA CHEIA, NASCIMENTO: faz com que a pessoa já nasça com conflitos, pois uma hora ela se identifica com o Sol (seu signo), outra quer ser a sua Lua. No dia a dia: momento de transição, é a fase ideal para atingir com rapidez um objetivo bem planejado. A Lua Cheia também é favorável a tratamentos de hidratação e nutrição da pele. Aproveite a lua cheia para amar.

LUA MINGUANTE, DEPOIS DO PARTO: traz pouca vitalidade, mas nutre a pessoa com força para que ela consiga ultrapassar os desafios No dia a dia: as calorias absorvidas com facilidade pelo organismo em vez de ficarem depositadas como reserva, é uma lua bem favorável para eliminação. É a mais indicada para cirurgias plásticas, principalmente de eliminação, como no caso das lipoaspirações.

Agindo corretamente, assim com certeza encontrará o que procura! Acelere o seu caminho pela Bondade Cósmica que abre todas as portas, vá para a página 52

TERRA

PÁGINA 52

Antes de o Homem ser criado, só havia terra e ar e, antes mesmo de existir o ar e a terra, se necessitava de um lugar para estes se manifestarem. Esse lugar era o Caos: que era o lugar onde existia só a possibilidade de ser. Diz-se que o homem nasceu da terra molhada aquecida pelos raios de Sol.

Reverenciar a Terra é expressar gratidão e respeito, é ter consciência da natureza que está à nossa volta sempre a nos servir. Fazer uma conexão com Gaia é muito simples. Caminhe descalço; sente-se em uma praça ou jardim, feche os olhos e sinta o vento; ao se alimentar, tenha consciência da vida que dá a vida pela sua; tenha uma postura de gratidão pelo alimento que a Terra doa às plantas; ao ver um bebê, admire o milagre da vida; observe as formigas, os pássaros e os insetos; abrace uma árvore; crie seu próprio ritual de conexão com aquela que sustenta a nossa vida.

Se você ainda tem jogadas, lance o dado.

Caso dê o número 6, vá para a página 58.

Caso dê o número 5, vá para a página 57.

Caso dê o número 4, vá para a página 56.

Caso dê o número 3, vá para a página 55.

Caso dê o número 2, vá para a página 54.

Caso dê o número 1, vá para a página 53.

COESÃO

Na maioria das vezes, sentimo-nos despreparados quando estamos diante de uma situação crítica ou nova em nossas vidas. As dificuldades que encontramos nesses momentos acontecem porque a vida não tem manual de instruções e mesmo se houvesse seria apenas um insight. Só se aprende a viver vivendo.

Cada dia que amanhece é uma folha de papel em branco onde vamos escrever e fazer ligações harmoniosas do nosso ontem com o amanhã. A magia de poder transformar nossa própria vida é enorme, as palavras, os pensamentos, os atos expressam a força do pensamento. Eles têm o poder de transformar e de conscientizar.

A intenção gera a realidade, gera a matéria. O pensamento é criador da realidade, pensamentos que tenham como base crenças positivas vão gerar uma realidade correspondente e vice-versa. Qual é a base dos pensamentos que você está tendo agora?

Se você ainda tem jogadas, lance o dado.

Caso dê o número 6, vá para a página 59.

Caso dê o número 5, vá para a página 58.

Caso dê o número 4, vá para a página 57.

Caso dê o número 3, vá para a página 56.

Caso dê o número 2, vá para a página 55.

Caso dê o número 1, vá para a página 54.

PEÇA E RECEBA

Todos os seus pensamentos emitem uma vibração de energia; se você tem o mesmo tipo de pensamento várias vezes, isso multiplica a energia e atrai boas ou más experiências para sua vida. A qualidade dos seus pensamentos influencia diretamente na qualidade de sua vida.

Pedir é o mesmo que pensar. Um pensamento desperta a imaginação. A imaginação ativa a compreensão e o sentimento. Se você pensar em um elefante, imediatamente você imagina um elefante, isso ativa em seu cérebro a compreensão de que aquela imagem criada é um elefante e o sentimento que você tem em relação a esse animal. Compreensão gera a convicção de que aquilo é um elefante e o sentimento gera a emoção que você sente ao ver um elefante.

Nosso subconsciente não distingue o que é imaginação do que é realidade. Portanto uma figura imaginada é para ele uma figura real. A convicção e a emoção levam você a ter fé, essa fé desperta em você o poder extra que você precisa para criar em sua mente uma vida de vitórias, alegrias e abundância. Basta sentir; se você sente, você crê; se você crê, você receberá!

Se você ainda tem jogadas, lance o dado.

Caso dê o número 6, vá para a página 60.

Caso dê o número 5, vá para a página 59.

Caso dê o número 4, vá para a página 58.

Caso dê o número 3, vá para a página 57.

Caso dê o número 2, vá para a página 56.

Caso dê o número 1, vá para a página 55.

7º PLANO: PLANO DA CONEXÃO

Aqui você já está pronto para, sem a interferência do ego, ensinar o que você aprendeu durante a jornada pelos outros planos. A consciência está desperta para melhorar a qualidade da própria vida e a vida na terra. Aqui o jogador passa a ser um colaborador com os planos superiores da criação. Interesses pessoais e mesquinhos não entram nesse plano; se ainda restarem sentimentos menos elevados, o jogador cairá, voltando para outros planos para repensar suas atitudes.

55 – AMOR-PRÓPRIO: já parou para pensar e se analisar, ver quanto você pode ser egoísta, rancoroso ou agressivo, com sua própria vida?

Pensou nas oportunidades que já foram dadas a cada um de nós para que soubéssemos lidar com nossos anseios, temores, até com nossos próprios erros? Você teme aceitar ou pedir ajuda para não expor suas fraquezas?

Você escuta a opinião dos outros mesmo que seja contrária à sua? Você tem coragem de expor e não impor a sua opinião? Você tem coragem de rever suas metas e projetos quando não vão bem e mudar totalmente se for preciso? Você tem coragem de se arriscar quando acredita numa ideia? Reflita sobre isso.

Para aprender a ser menos rígido em aceitar ajuda e aprender a ter coragem de se autoavaliar, retorne à página 20.

SACRALIDADE

PÁGINA 56

A nossa "Divina Presença Eu Sou", ou o nosso Eu Divino; O nosso eu verdadeiro é eterno, perfeito, cheio de glória, beleza e esplendor, puro amor e luz, é o Absoluto. Sua conexão com o Divino está dentro de você e, por intermédio dessa energia da Fonte, você será capaz de ver a grandeza de tudo o que é e o que será. Toda vez que respirar você sentirá a paz interior que a conexão com essa presença lhe trará.

Você é a sua Conexão Divina com a Fonte. Existem bilhões de partículas da fonte vivendo em e com você, todas dotadas de amor, sabedoria, poder e perfeição. Quando sou capaz de encontrar essa sacralidade em mim, sou capaz de vê-la nos outros e compreendo que sou o que eu vejo ao meu redor.

Já é hora de você parar e refletir e buscar novamente a sua conexão com essa essência Divina. Busque Deus individualizado em cada ser, a identidade real de cada homem, o Ser Permanente e encontrará a si mesmo.

Para encontrar o Deus em você e nos outros seres, retorne à página 23.

LUCIDEZ

Muitas vezes, para não morrer em vida, precisamos nos reinventar, precisamos renascer para uma existência nova. Nesse sentido, morrer e renascer em vida é deixar de lado aquele ser desanimado, cansado e triste para recomeçar com um novo fôlego. A vida muitas vezes é imprevisível e aqueles sonhos antigos não nos motivam mais, as ideias amadurecem e repetir as mesmas receitas não mais nos satisfaz. Algumas fantasias se tornam falsas, acontecem as perdas, mudam os interesses, algumas situações nos fazem repensar o que queremos. O que resta em sua vida é um grande vazio.

Então você decide dar uma chance para a vida apesar da dor. Decide reinventar-se e recuperar a sua fé, porque são nossos desejos que nos movem. A passividade, o medo, o desânimo, muitas vezes nos impedem de dar novos passos, passos necessários para que a nossa vida seja reinventada. Renascer em vida é reinventar fatos e estratégias, é estudar a si mesmo, aprender sobre o que o motiva e o que o abate e buscar inspiração para se reinventar, renascer, recomeçar, e sim: somos capazes de fazer isso por mais difícil que pareça. Pela decisão lúcida de renascer, você ganhou o direito de recomeçar o jogo da vida, volte para a página 7 e conscientemente renasça para uma nova existência.

REINVENÇÃO

A vida só é possível reinventada.

Anda o sol pelas campinas e passeia a mão dourada pelas águas, pelas folhas... Ah! tudo bolhas que vêm de fundas piscinas de ilusionismo, mais nada.

Mas a vida, a vida, a vida, a vida só é possível reinventada.

Vem a lua, vem, retira as algemas dos meus braços.

Projeto-me por espaços cheios da tua Figura.

Tudo mentira!

Mentira da lua, na noite escura.

Não te encontro, não te alcanço...

Só, no tempo equilibrada, desprendo-me do balanço que além do tempo me leva.

Só, na treva, fico: recebida e dada.

Porque a vida, a vida, a vida, a vida só é possível reinventada. (Cecília Meireles)

OM PRIMORDIAL

Dizem que o mundo foi criado com o canto do "Om". A partir de então, seu som é usado para criar um começo promissor para qualquer tarefa que alguém possa empreender. O Om ou Aum (ॐ) é um mantra importante, diz-se que ele contém o conhecimento dos Vedas e é considerado o corpo sonoro de Brahman, o Absoluto. O Om é o som do universo e a semente que "fecunda" os outros mantras. É considerado o som mais próximo da palavra divina, e a origem de todas as demais.

Com o Om, vamos até o fim, o silêncio de Brahman. O fim é imortalidade, união e paz. Tal como uma aranha alcança a liberdade do espaço por meio de seu fio, assim também o homem em contemplação alcança a liberdade por meio do Om. Escutar o mantra Om é como escutar o próprio Brahman, o Ser. Pronunciar o mantra Om é como transportar-se à residência do Brahman. A visão do mantra Om é como a visão da própria forma. A contemplação do mantra Om é como atingir a forma de Brahman.

O Om tem um efeito profundo no corpo e na mente de quem o canta e também nos arredores. Pare por uns instantes no seu dia e recite o mantra Om.

Se você ainda tem jogadas, lance o dado.

Caso dê o número 6, vá para a página 64.

Caso dê o número 5, vá para a página 63.

Caso dê o número 4, vá para a página 62.

Caso dê o número 3, vá para a página 61.

Caso dê o número 2, vá para a página 60.

Caso dê o número 1, vá para a página 59.

INTELIGÊNCIA EMOCIONAL

O "controle" das emoções e sentimentos, com o intuito de conseguir atingir algum objetivo, pode ser considerado um dos principais trunfos para o sucesso tanto pessoal como profissional. Para sermos inteligentes emocionalmente, precisamos respeitar nossas emoções, validá-las, ou seja, nos dar o direito de sentir o que sentimos, mas trabalhar as emoções para que elas não nos dominem.

Quem tem inteligência emocional geralmente é confiante, sabe trabalhar na direção de suas metas, é adaptável e flexível, é autoconfiante, persistente, motivado e capaz de manter controle sobre a si mesmo.

Cada vez que você perde uma oportunidade de fazer uma viagem porque tem medo de avião, tem medo de falar com seu chefe porque tem vergonha, deixa escapar aquele parzinho lindo porque tem medo de sofrer, perde a razão em uma discussão porque fica descontrolado, perde a oportunidade de ganhar dinheiro porque tem vergonha de oferecer seu produto, perde uma promoção porque fica com falsos pudores, não aceita elogios porque não se acha merecedor, você não está usando a sua inteligência emocional.

Pessoas emocionalmente inteligentes são aquelas que mais se dão bem na vida, no amor, no trabalho. Inteligência emocional pode ser inata, mas também pode ser aprendida. Todos têm potencial para serem inteligentes, é preciso apenas treinar sua mente para a vitória.

Se você ainda tem jogadas, lance o dado.

Caso dê o número 6, vá para a página 65.

Caso dê o número 5, vá para a página 64.

Caso dê o número 4, vá para a página 63.

Caso dê o número 3, vá para a página 62.

Caso dê o número 2, vá para a página 61.

Caso dê o número 1, vá para a página 60.

HARMONIA CÓSMICA

PÁGINA 60

Todas as coisas interagem entre si harmonicamente segundo leis bem estabelecidas, ainda que possamos não perceber. Essas leis são como uma sinfonia cósmica, que rege todas as coisas. O universo está sempre nos lembrando para que não tenhamos medo de mudanças que chegam, já que a Ordem sempre nos conduz ao autoconhecimento, nos mostrando o que é necessário fazer: render-se. No micro e no macrocosmo, existe uma harmonia de forças, de movimentos, de ritmos, de equilíbrio e de energia.

Do átomo às galáxias, está presente a harmonia do todo. O universo é um Todo em harmoniosa evolução. As emoções negativas, como medo, ciúme e inveja, irão mantê-lo vivendo em um estado de desarmonia, criando bloqueios que trarão ciclos repetitivos de emoções e experiências negativas até que você possa finalmente liberar qualquer emoção desarmônica ou experiências negativas que estejam ligadas a você.

Quando você dá amor, você recebe amor. Quando você age com ações desarmônicas, a lei trará até você aquilo que perturbou o equilíbrio das forças universais até que finalmente a harmonia seja restaurada. Assim que você liberar seus medos, o universo irá realinhar você às novas energias.

Para buscar equilíbrio com a energia cósmica, retorne à casa 53.

POSITIVA MENTE

PÁGINA 61

Todos nós queremos ter as nossas mentes positivas. Todos nós trabalhamos de alguma forma para manter na mente pensamentos construtivos, otimistas, mas não é fácil manter essa postura diante dos desafios. Você sabe que uma atitude positiva traz melhores resultados que uma mente negativa. Certamente não conseguimos controlar a grande maioria dos acontecimentos exteriores da nossa vida, as outras pessoas, a inflação, o humor do patrão, os motoristas no trânsito, entre outras coisas. Sem dúvida, existem coisas sobre as quais não temos controle.

Mantenha a mente focada em coisas realmente importantes para você. Experimente coisas novas. Faça, independentemente do resultado, o que lhe dá prazer. Ame-se, ria, fique do lado de pessoas positivas. Abra-se para a possibilidade de tentar fazer coisas que você nunca fez antes, impedido por crenças limitantes. "PRÉ-ocupe-se" menos, as coisas sempre dão certo no final, a despeito de você estar lá ou não. Um novo dia irá nascer amanhã e com ele uma nova esperança surgirá, acredite, tenha fé! Simplesmente, escolha o que será melhor fazer, e depois decida fazer.

Por muito difícil que seja admitir, é você que escolhe sempre os estados emocionais em que se encontra. Você pode ter consciência disso ou não, não importa quanto você sabe, você é quem cria a sua realidade.

Para compreender melhor sobre isso, dirija-se à página 24.

PRESUNÇÃO

Você não é responsável pela vida de outras pessoas. Não se olhar pelo ponto de vista de que cada um é responsável pelo mundo que cria para si mesmo. A sua responsabilidade está em ser a melhor versão de você mesmo, na sua busca pelo autoconhecimento, por passar de um estado de mente negativa para uma mente positiva, criativa e feliz.

É presunção da sua parte achar que os outros não vão evoluir sem a sua contribuição, que alguém não vai viver sem você. É presunção querer que todas as pessoas gostem de você sem que você demonstre amor e gratidão, sem que você plante nos caminhos por onde você passa as sementes da gentileza, do otimismo, do sorriso, do amor e da paz.

Seja livre e permita a liberdade daqueles que cruzam os seus caminhos, somente assim você conseguirá alcançar o sucesso do seu projeto.

Se você ainda tem jogadas, lance o dado.

Caso dê o número 6, vá para a página 68.

Caso dê o número 5, vá para a página 67.

Caso dê o número 4, vá para a página 66.

Caso dê o número 3, vá para a página 65.

Caso dê o número 2, vá para a página 64.

Caso dê o número 1, vá para a página 63.

NEGATIVA MENTE

A vivência repetida de certos acontecimentos negativos desencadeia sentimentos de ameaça, quando entram em ação os mecanismos de defesa do subconsciente, que registra eventos como experiências dolorosas que ficam como cicatrizes marcadas na nossa alma, ou no subconsciente. Sempre que algo parecido com os fatos, pessoas ou situações acontece, desencadeiam-se as reações do sistema neurológico acionando os mecanismos de defesa contra essa ameaça, seja ela real ou ilusória.

Você está com medo de se lançar a novas jogadas na sua vida por medo de vivenciar experiências dolorosas, medo das perdas. Essa é uma forma ilusória de evitar mais decepções, sofrimentos. É como se precisasse convencer a todo momento que algo ruim vai acontecer. Essa mentalização negativa programa em seu cérebro para focar apenas o que é mau, acaba por fazê-lo perder o que é bom e você passa a vida em sofrimento desnecessariamente.

Se você não se libertar dessa crença, esse foco concentrado irá atrair pessoas e situações que irão reforçar essa sua verdade até que decida um dia libertar-se dessa ferida.

Se você ainda tem jogadas, lance o dado.

Caso dê o número 6, vá para a página 69.

Caso dê o número 5, vá para a página 68.

Caso dê o número 4, vá para a página 67.

Caso dê o número 3, vá para a página 66.

Caso dê o número 2, vá para a página 65.

Caso dê o número 1, vá para a página 64.

8º PLANO: PLANO DIVINO

Este é o plano da representação de conectividade do Espírito com a vida terrena. Aqui o jogador tem consciência da sua origem e do seu destino, de onde veio e para onde vai, tem consciência do aprendizado que veio ter no corpo que habita. Aqui o jogador encontra o Espírito Divino no espaço sagrado que ocupa neste planeta, aqui se entrega ao Amor Divino e à Fonte de Sabedoria.

64 – EU SOU LUZ: uma das formas de você se abrir para que a Presença Divina se manifeste em você é cultivar um sentimento de cuidado, respeito profundo e amor pela existência de todos os outros seres que estão com você nos caminhos do jogo da vida. Livre-se de dramas e conflitos e simplifique a sua existência gerando novos laços com a Criação Divina.

Esse é um processo que acontece no coração, no nível emocional; não na cabeça, no nível racional. Porém, quando a mente reconhece que algo profundo do qual ela não participa diretamente está acontecendo, ela pode reagir produzindo a dúvida e a resistência.

Se você ainda tem jogadas, lance o dado.

Caso dê o número 6, vá para a página 70.

Caso dê o número 5, vá para a página 69.

Caso dê o número 4, vá para a página 68.

Caso dê o número 3, vá para a página 67.

Caso dê o número 2, vá para a página 66.

Caso dê o número 1, vá para a página 65.

CLAREZA

À medida que estabelecemos um contato interno e silencioso com o Divino em nós, começam a ocorrer transformações na nossa vida. Um tipo de amor que não conhecíamos antes cria um estado de equilíbrio em nosso ser. Ao sentirmos e aprofundarmos nesse Amor, passamos a ser um canal para o trabalho do bem na terra.

É um estado de autoaceitação, de uma mente em paz e que não tem medo de viver a felicidade plena. Você está pronto para transformar a imperfeição em perfeição, você percebe que toda a vida se expande, porque percebe o quanto a humanidade, os animais, os vegetais e os minerais são a vida manifestando Deus em ação. A gratidão por tudo e por todos os aspectos do jogo da vida é a chave que abre as portas para que muitos benefícios fluam para sua vida.

Se você ainda tem jogadas, lance o dado.

Caso dê o número 6, vá para a página 71.

Caso dê o número 5, vá para a página 70.

Caso dê o número 4, vá para a página 69.

Caso dê o número 3, vá para a página 68.

Caso dê o número 2, vá para a página 67.

Caso dê o número 1, vá para a página 66.

ILUMINAÇÃO

Os prazeres e os sucessos do mundo nada são se comparados com as alegrias e os tesouros que se desdobram diante de nós pela consciência espiritual. Iluminação Espiritual não é algo a ser alcançado, um estado a que se chega, uma recompensa. É simplesmente tornar-se a cada instante um observador, testemunha do jogo da vida. É um estado muito difícil de atingir e a maioria das pessoas pensam que, para isso, é necessário retirar-se nas montanhas do Tibete, ou entrar em cavernas, tornar-se monge e viver isolado das experiências da vida diária.

A Iluminação Espiritual revela o Eu verdadeiro, o Eu que Eu Sou, ilimitado, irrestrito, harmonioso e livre. Esse Eu em nós nos é revelado quando nos recolhemos dentro de nós mesmos diariamente e aprendemos a "ouvir" e a observar. A primeira coisa a fazer é aceitar e reconhecer que existe essa Centelha Divina dentro de você, dentro de todas as pessoas. É reconhecer e reverenciar a Presença Eu Sou em você mesmo e em todos.

Quando a consciência tomar conta dessa verdade, o que imperará será o Amor. Só o amor destrói todo sentido de medo, toda dúvida, todo ódio, inveja, doença e discórdia. A única coisa que bloqueia o amor de chegar até você é você mesmo. O Eu Verdadeiro é puro amor e tudo o que ele faz é amar incondicionalmente. Sua mente sempre vai acreditar em tudo o que você diz. Alimente-a com esperança. Alimente-a com verdade. Alimente-a com Amor.

Se você ainda tem jogadas, lance o dado.

Caso dê o número 6, vá para a página 72.

Caso dê o número 5, vá para a página 71.

Caso dê o número 4, vá para a página 70.

Caso dê o número 3, vá para a página 69.

Caso dê o número 2, vá para a página 68.

Caso dê o número 1, vá para a página 67.

MOMENTUM

O que muitos chamam de sorte, outros chamam de sincronicidade, outros ainda de coincidência ou casualidade a Mecânica Quântica chama de Momentum. A energia que você envia para o universo, você colhe energia semelhante. O universo responde aos seus sentimentos, devolvendo a energia de volta para você. Você com certeza já passou por alguma situação em que acontecia algo tão improvável que parecia mágica, como se existissem conexões entre os acontecimentos, pessoas e informações.

Uma experiência de sincronicidade acontece em nossas vidas quando menos esperamos, quando desarmamos nossos sentidos e "PRÉ-ocupações", nos distraindo e pensando em outras coisas. Para que as sincronicidades aconteçam mais vezes, você deve estar receptivo e atento ao mundo ao nosso redor, abra os sentidos para os sinais que chegam até você a todo momento, ouça mais a voz da sua intuição. A todo instante, as possibilidades se abrem para aqueles que acreditam na sua sabedoria interior. Tudo conspira para que a semente germine, e a sincronicidade é uma das ferramentas que o Criador do Jogo usa a favor do jogador.

Se você ainda tem jogadas, lance o dado.

Caso dê o número 6, vá para a página 72.

Caso dê o número 5, vá para a página 72.

Caso dê o número 4, vá para a página 71.

Caso dê o número 3, vá para a página 70.

Caso dê o número 2, vá para a página 69.

Caso dê o número 1, vá para a página 68.

CONSCIÊNCIA PLENA

Ter consciência plena significa estar ciente do que está acontecendo agora, no momento presente, sem ficar preso a outros períodos de tempo. Para conseguir praticar a consciência plena, temos que aprender a controlar o modo como encaramos o mundo e a vida, vivendo o momento e focando apenas o que se deseja. Porém isso envolve observar tudo o que se passa à nossa volta sem fazer envolvimento dos sentimentos, sem julgamentos e, embora as emoções sejam importantíssimas nesse processo, é preciso aprender a abrir mão delas.

Coloque atenção a todos os seus atos, quando for comer, pare, respire e pense: "Estou comendo!". Descreva seu prato para você mesmo. Quando entrar no banho, diga: "Estou tomando banho!". Faça isso com todas as atividades que for fazer e sempre que perceber que não está presente nas suas ações. Quando fazemos as coisas correndo, sem prestar atenção ao que fazemos, nosso cérebro interpreta como fuga de um predador e a resposta emocional será proporcional à situação de perigo.

Se você ainda tem jogadas, lance o dado.

Caso dê o número 6, vá para a página 72.

Caso dê o número 5, vá para a página 72.

Caso dê o número 4, vá para a página 72.

Caso dê o número 3, vá para a página 71.

Caso dê o número 2, vá para a página 70.

Caso dê o número 1, vá para a página 69.

TEMPO

PÁGINA 69

O tempo, da forma como você vê, não é o mesmo tempo das coisas que acontecem na vida de todos. A única forma de ver o tempo é estar no momento presente. Quando você tenta conduzir as coisas da sua forma, tudo o que consegue é gerar ansiedade. A ansiedade é excesso de futuro e o futuro ainda não chegou. As coisas têm um ritmo e um tempo próprios para acontecer, para unir os fios dos eventos que culminaram no sucesso do seu projeto. O universo é inteligente e realinha tudo para a realização do seu sonho quando não encontra a barreira da ansiedade. A ansiedade é falta de fé na realização do seu desejo. Temos que aceitar a ação do tempo, não podemos plantar uma semente e todos os dias revolver a terra para ver se está nascendo. As pessoas fazem planos de curto, médio e longo prazo, com metas atingíveis, e não impossíveis. De pequenas em pequenas realizações, você chegará a um grande feito, uma grande mudança. Trace e cumpra suas metas.

Se você ainda tem jogadas, lance o dado.

Caso dê o número 6, vá para a página 72.

Caso dê o número 5, vá para a página 72.

Caso dê o número 4, vá para a página 72.

Caso dê o número 3, vá para a página 72.

Caso dê o número 2, vá para a página 71.

Caso dê o número 1, vá para a página 70.

CONSUMAÇÃO

PÁGINA 70

Você já imaginou uma situação em que você junta fatos, evidências e situações complexas e resolve uma questão muito complicada de sua existência? Já sonhou acordado com uma vida em que aqueles seus sonhos mais íntimos se tornam realidade? Provavelmente sim e isso prova que você tem a capacidade de ser criativo. Mas por algum motivo você transmite diariamente uma mensagem mental a você mesmo de que não é possível viver uma vida plena e feliz, minando suas expectativas de se jogar na consumação do seu projeto. Você faz com que a prioridade da sua vida seja a sua zona de conforto; mesmo que não seja uma vida feliz, é segura, pois teoricamente você sabe onde está pisando, está longe da crítica e da necessidade de tomar iniciativas no jogo da vida.

As pessoas que acreditam realmente na realização do seu projeto, que sabem o quanto isso vai lhes trazer de felicidade não pedem permissão e muito menos esperam que os outros gostem do seu trabalho. Eles vão lá e fazem. As críticas não os convencem de que eles não são bons o suficiente. Ao entender isso, você entenderá que a criatividade pode ser treinada para que seu projeto saia do mundo da imaginação. Estude, leia aprenda assuntos diferentes, acorde a criatividade que existe em seu interior. Não tenha medo do fracasso, pois ele é que levará você à perfeição.

Se você ainda tem jogadas, lance o dado.

Caso dê o número 6, vá para a página 72.

Caso dê o número 5, vá para a página 72.

Caso dê o número 4, vá para a página 72.

Caso dê o número 3, vá para a página 72.

Caso dê o número 2, vá para a página 72.

Caso dê o número 1, vá para a página 71.

SINGULARIDADE

A grande magia da vida está em nos entregarmos àquilo que amamos, uma vida sem medo, motivada pela curiosidade. Abrace a curiosidade se entregando à sua paixão. Escrever um livro, encontrar novas formas de lidar com as partes mais difíceis do trabalho, realizar aquele sonho que você sempre adiou por algum motivo, ou simplesmente descobrir a paixão que move a sua vida cotidiana. Relacione-se com os mistérios da inspiração que fará florescer o amor em sua vida.

Não pense em realizar suas conquistas para impressionar outras pessoas, faça tudo para ajudar a si mesmo na escalada rumo à evolução da sua alma no jogo da vida. Veja à sua volta as outras pessoas, como elas vivem? Passam o dia trabalhando em um emprego cansativo e chegam em casa exaustas e se sentam na frente da TV para se entorpecer vivendo os sonhos das vidas das personagens da telenovela? Você pode escolher como será a sua vida de agora em diante. Volte na sua história, veja como você tem uma vida diferente da vida de seus pais e avós. Ache um caminho alternativo, mas para isso você não pode ficar sentado esperando que a mudança caia na sua vida como obra do acaso.

É permissão que você estava esperando? Tome, agora você tem, o criador do jogo da vida está lhe dizendo SIM, você pode, você consegue, você tem dentro de você as ferramentas necessárias. Mas isso é algo que só você pode fazer, então, FAÇA!

Se você ainda tem jogadas, lance o dado.

Caso dê o número 6, vá para a página 72.

Caso dê o número 5, vá para a página 72.

Caso dê o número 4, vá para a página 72.

Caso dê o número 3, vá para a página 72.

Caso dê o número 2, vá para a página 72.

Caso dê o número 1, vá para a página 72.

CAOS

PÁGINA 72

A Mecânica Quântica diz que as partículas atômicas se comportam de uma maneira quando são observadas e de outra maneira quando não são. Esses estudos podem ser comprovados com a experiência chamada Dupla Fenda. O que nos leva a pensar sobre os eventos que ocorrem na nossa vida. Muitas vezes parecemos perder o controle sobre o que está ocorrendo e nos deixamos levar pelo desespero, tudo parece literalmente um caos. Mas caos pode ser definido como sendo um processo caracterizado pela aparente imprevisibilidade dos eventos.

Podemos nos considerar privilegiados por sermos ao mesmo tempo atores e plateia do jogo da vida. A possibilidade do caos oferece a você um vasto campo de possibilidades se, ao invés de cair em depressão, você desenvolver uma visão holística do solo fértil de novas possibilidades onde tudo é possível.

A mudança de paradigma frente ao jogo da vida o levará a uma saída totalmente diferente da que você pensava inicialmente, apesar do cenário aparentemente caótico. Você perceberá que o caos é um estado específico do ser, que acontecimentos aparentemente aleatórios podem estar interconectados de maneira sutil, mas dinâmica, abrindo-se a todas as possibilidades.

Você amadureceu muito durante a sua jornada, essa transformação interior indica que você mudou sua maneira de pensar, sentir e se expressar no aqui/agora, podendo com isso seguir o seu caminho com mais harmonia e paz. Transcendência é a palavra ideal. É soltar, não se apegar, não se identificar, transcender medos, resistências, inseguranças, dúvidas, mágoas, rancores, ressentimentos. Transcender a raiva, a tristeza, a saudade. Transcender memórias, recordações e até mesmo experiências. O que se quer e o que já se sabe que não se quer; transcender é ir a um nível acima.

Pela compreensão que você adquiriu de todas as possibilidades que se abrem, você tem agora duas escolhas. Se você já encontrou a resposta que procura, encerre o jogo, mas se você optar por renascer para uma nova oportunidade, vá para a página 7.

IMPORTANTE: Se o jogo que você está realizando for em grupo, você pode finalizar aqui, sem ler para o grupo o último parágrafo.

CONCLUSÃO

POR QUE VOCÊ EXISTE?

Você existe porque você é parte de Deus, você é parte D'Aquele que tudo é, que está em tudo e tudo está N'Ele.

Você não existe para sofrer, para viver dramas e dores, privações e escassez. Você existe para amplificar a Fonte Criativa. Tudo o que você vive são experiências que você está dando ao próprio Criador do jogo da vida.

A frequência vibracional Divina é tão intensa que Ela não pode experimentar como é ser apenas da nossa dimensão. Ele precisa de você aqui. Deus, ao decidir se fragmentar, criou o jogo da vida. Dividiu-se em 7, que se dividiram em 7 e assim até chegar a você.

Não é questão de merecimento, simplesmente é o que é.

Aos olhos do Espírito, não existe isso; aos olhos do Espírito, não existe bem e mal, bom ou ruim. Tudo são experiências para a Sua evolução, tudo são aprendizados, tudo são "apenas" experiências. Nós que colocamos cargas emocionais em tais experiências.

Você é um grandioso fragmento multidimensional do próprio Deus e nem mesmo se dá conta disso. Deus não é uma força raivosa, Deus é amor, e não um sistema de crenças. Isso não é uma coisa que se possa fragmentar e dimensionar com nossa mente racional. Ver atributos humanos em Deus é ver seus próprios aspectos, reflexos das suas próprias emoções.

O amor só abraça e emite luz, emite aceitação, emite paz.

Você é capaz disso, abraçar as experiências da sua vida, as pessoas com quem convive e emitir apenas amor? Podemos aprender isso. Podemos aprender a amar. Podemos aprender a sonhar pelos olhos do Criador. Podemos aprender a viver experiências felizes para dar a Ele essas energias de prazer, de luz, de paz. Acho que já demos experiências de dor, escassez e sofrimento suficientes. Agora podemos treinar viver dias felizes.

Treinar ser prósperos, treinar ser abundantes em energias positivas. Você chegou até aqui nesta leitura e compreendeu essa mensagem, saiba que agora o planeta vibra numa frequência mais elevada porque acendeu uma luz dentro de você. A malha do planeta tem uma nova energia para os recém-nascidos cada vez que deixamos essa luz vibrar dentro de nós, sem medo.

Por que você temeria o amor de Deus que está recalibrando você?

As mudanças que estão acontecendo neste momento em toda a Gaia são vibrações do alinhamento da consciência humana que estão afetando a rede Crística que envolve nosso planeta e você faz parte disso, simplesmente por estar aqui.

Simplesmente por estar aqui você é especial, permita que essa consciência mais elevada lhe mostre que você é luz, um emissor de luz, vivendo aqui do meu lado. Suspenda por um momento seu modo de ver as coisas ao seu redor, seu modo de ver quem você é, pois, se continuar a olhar como sempre olhou, seus sentidos vão limitar você para ver a beleza de Deus, a sua própria beleza, a beleza da sua própria existência.

Você não pode decidir o que é real e o que não é baseado apenas no que vê, não no que poderia ver. Abra sua percepção de que com intenção você pode criar uma energia muito maior, você pode dar a permissão para que as curas aconteçam. Concedendo essa permissão, você vai se permitir sentir que você tem habilidade de mudar sua própria realidade.

No livro *Segredos de Sucesso*, coloquei algumas ferramentas que poderão ajudar você a entender alguns aspectos disso tudo e como fazer para começar essa transmutação de forma suave e permitir que na sua vida aconteçam coisas que você não achava que seria possível. Essas forças criativas sempre estiveram aqui.

Eu sei pelo que você passou, eu passei por isso também. Você pode dar um passo para a percepção do que você pode fazer ao decidir deixar o medo e tomar consciência de quem você é. Para que isso aconteça mais rápido, jogue fora seu relógio, pare de contar o tempo. Simplesmente se entregue ao prazer que é aumentar a sua consciência, ao prazer de mudar a própria realidade, ao prazer de sentir as curas chegando.

Ao prazer de reconhecer que você já sabia, está apenas relembrando como fazer. Sem palco ou plateia, o segredo é esse, compreender sua intuição e não dispensar aquela voz que fala dentro de você e lhe fala como praticar a expansão da sua própria consciência. Isso tudo é muito divertido.

TENHA CERTEZA DE QUE DEUS NÃO DEMORA, APENAS CAPRICHA!

Quantas vezes você esperou, esperou pelo tempo Divino e parece que "Ele" tem bem mais paciência que você? Quantas vezes você pediu por aquela mudança rápida e a vida está fazendo você esperar? Situações em que as coisas não fluem com tanta pressa, como gostaríamos.

Esse é o universo querendo trazer uma lição para você. Confiar! A lição agora é para que você tenha Fé. Os anjos estão me pedindo para lhe dizer que estão cuidando de você.

Há momentos em que é preciso que você tenha certeza de que Deus não demora, ele apenas capricha para atender ao seu pedido. Solte, confie que Ele, o Criador da vida, já te ouviu. Quanto mais você elevar sua vibração e confiar, mais o tempo Divino passa. O contrário acontece, se você não desfocar. Quanto mais olharmos para o fato de que ainda não temos o que desejamos, mais a vida trará situações que envolvam paciência. Como uma lição de matemática: enquanto o aluno não aprende a resolver aquele problema sozinho, a professora continua insistindo com ele.

Talvez seja sua hora, como aluno, de entender que tudo está se equilibrando na sua vida e que tudo está no caminho certo, no momento certo. As coisas maravilhosas que sonhamos para nós vêm no momento em que você estiver na vibração correta daquele desejo. Não é fácil, eu sei, eu também sou ansiosa, quatro vezes signo de fogo.

Mas, assim como a biologia herdada, o mapa numerológico ou astral mostram o território, o caminho eu conheço andando por ele. A vida nos ensina a termos paciência. Muitas pessoas dizem: "Eu sou de Áries, eu não sei esperar". Signo não é desculpa, tudo tem limite.

Temos que aprender a esperar os resultados, temos que aprender a paciência. Nossos sonhos são como uma gravidez. Imagine se uma mulher grávida com dois meses dissesse: "Eu quero que essa criança nasça agora, não vou esperar os nove meses". É muito importante que você aguarde o período de gestação das suas ideias.

Confronte os seus medos, perceba-se quando você está ansioso sem necessidade. Perceba que você está no caminho certo e que tem muita coisa boa chegando para você. Talvez não tão rápido, mostrando que você tem que aguardar na Fé, que você já plantou muita coisa boa e agora está só esperando a gestação, o momento certo de colher os resultados.

Eu tenho uma certeza no meu coração, eu sei que um período de muitas felicidades e muita estabilidade vem chegando. Vejo você colhendo tudo que você deseja, conquistando muita coisa. Você tem força suficiente para conquistar, você tem uma força enorme dentro de você para transmutar todos os padrões negativos e confrontar esses medos.

Isso é necessário para que as coisas possam acelerar, para acontecer até mais rápido ainda. Você já plantou o que você vai colher. Sim, meu amigo, minha amiga, sem sombra de dúvida!

Eleve sua vibração na Fé para que não fique à mercê de ataques do meio. Perceba-se, veja como você é adorável, como você é belo(a), como você merece o amor, aceite você como você é. Aceite as situações como elas são. Mesmo com as suas demoras, com seus atrasos, sabendo que tudo já está chegando para você. Assim é! Tenha essa certeza no seu coração como eu tenho no meu.

DEIXE DEUS ENTRAR!

É fato que Deus está dentro de cada ser humano na proporção que cada um permite. Permitir que essa porta sempre esteja aberta será a melhor coisa que poderá fazer para sua existência. Da minha alma para a sua, eu quero lhe dizer agora, com todo o amor de que sou capaz, o fato de você estar aqui nessa existência, nesse momento evolucional, já é o bastante.

Você sabe o que significa para todo o planeta ter você aqui? Um gerador de luz vivendo aqui? Com todas as experiências que você já viveu, com tudo o que você já fez, com todos os problemas que você já resolveu, com todas as amizades que você já fez, com todas as vidas que você já tocou, simplesmente por nascer.

Desde quando você foi concebido no ventre da sua mãe, aquela pequena centelha já começou a impactar milhares de vidas. Você se pergunta: "O que devo fazer agora?". Nessa nova fase da sua vida, eu olho em seus olhos e digo, sua própria existência já é luz para nosso planeta. Não pergunte o que você deveria fazer, porque a única coisa que você deveria fazer é deixar essa luz brilhar.

Essa luz que você tem não depende de idade, não depende de onde você esteja, essa é uma energia multidimensional, cobre qualquer distância e qualquer tempo. Você pode enviar essa luz a qualquer lugar do Cosmos, a sua consciência ainda permanecerá com você.

As coisas que você faz e diz mudam não só a sua vida, mas outras vidas também. Apenas pelo que você é, por seu modo de pensar e pelas coisas que você faz. Suas experiências são o tempero dos seus atos e você sabe disso. Você sabe que espera mais das pessoas, porque você já aprendeu com outras experiências, já passou pela falta de cuidados, por necessidades, abandonos, então você já sabe como não fazer.

Você sabe que está aqui com um propósito, mostrar aos outros como ser, não o que fazer. Se você permitir, o medo o desligará, você precisa se desligar dele primeiro, sua consciência e a mudança dela, diante das novas energias do planeta, estão mudando quem você é.

Abrindo totalmente as portas nesse momento para o seu Deus interior, você vai perceber que está se tornando mais pacífico e que está atraindo para você as experiências que são necessárias à lapidação do que prende fragmentos de sua alma ainda à terceira dimensão.

Culpa, arrependimento, ressentimento, tristeza e todas as formas de não perdão são a causa de excesso de passado e falta de presente. Quando nos permitimos perder os momentos do presente, deixamos passar as oportunidades desta vida. Se você deixou o sistema de crenças da sua família e te veem com um esquisito, responda com compaixão, não diga nada a eles sobre as coisas novas que está aprendendo, simplesmente mostre amor.

Se seus parceiros, colegas de trabalho não compreendem, mostre amor. A compaixão fará mais por eles que mil palavras. Não é seu trabalho despertar ninguém, não é seu trabalho fazer nada a não ser amar.

Envie amor pela humanidade de tal forma que eles quererão estar perto de você. E, quando perguntarem a você: "O que você tem que as outras pessoas não têm?", você dirá que tem Deus no coração. Que seu Deus interior não tem doutrina, não tem dogma. Aí, nesse momento, vendo sua transformação, eles ouvirão você, e sua compaixão será uma força orientadora para eles.

Logo pela manhã, celebre o dia, seja grato, cure-se com a gratidão. Faça tudo para estar bem com sua alma, e a mudança virá mais rápido que jamais aconteceu em sua vida, e você sentirá Deus ficando maior em seu interior.

Se o que está sendo mostrado na televisão machuca seu coração, desligue a televisão, não compactue com dramas e negatividades. Se você mora com outras pessoas que gostam disso, não diga nada. Saia, vá dar uma volta no bairro. Use a compaixão para desligar-se dos dramas.

Não se surpreenda se aos poucos as pessoas começarem a imitar você. É assim que é, a luz é passiva, mas a luz em sua passividade é tão forte que a escuridão é empurrada para muito distante. Pare de combater a escuridão e acenda a sua luz. Assim você nunca mais caminhará por aí como sempre fez, porque a primeira coisa que você sentirá é paz. Não precisa mais guerrear, você não se sente cansado?

É tempo de paz, as coisas que você sempre tentou nunca funcionaram. Dê ao seu próprio corpo uma chance de se regenerar. Você é parte da luz, tudo o que você está fazendo o está mudando e elevando a frequência da sua estrutura celular. O que você está sentindo agora são os sintomas da elevação da sua vibração celular. Dê intenção verbal ao processo, ore e a sua inteligência molecular fará o resto. Estou aqui para mostrar o amor e a Luz para você, isso vive em você.

Onde você está neste momento a mão de Deus está esticada para você, querendo ajudá-lo. Reconheça que você não precisa mais acreditar nas coisas que disseram a você. Há um novo você com um poder que neste momento está além da compreensão. Apenas se entregue sem questionar como será esse processo.

Se você para de pensar em como e por quê, você verá a compaixão do Criador e entenderá que a fonte dessa compaixão está dentro de você. Deixe essa magia simplesmente acontecer. Você tem experiência nisso, está dentro do seu ser. Quando você der permissão, acontecerá o milagre que você espera. Por favor, não pare, eu já estive aí antes e agora espero por você. Assim é!

EU SOU Luíza Dômarádzki e eu amo você. E tenho um excelente motivo!